ミクシィ
フェイスブックが
消える日

山崎秀夫 著

セルバ出版

はじめに

「あれ、こんなお店がLINE@を使ってる！」―先日、東京・山手線の渋谷駅から約15分も離れた場末のピザ屋に入った筆者は、LINEの張り紙を見て大変驚きました。

スマートフォンを中心とする「ポストパソコン時代」が始まり、ソーシャルメディアの世界には大変化が起こり始めています。

巨大に膨れ上がった複雑な仕組みのフェイスブックやミクシィなど古いSNSの仕組みは没落し、新しく登場したLINEなどの単純で使いやすい対話アプリが世界中で急速に伸びています。韓国の報道では、既に、LINEは、上場準備を急いでいます。

パソコンとブラウザーの上にソーシャルゲームなどで一時代を席巻したフェイスブックもミクシィも、パソコンが売れなくなる（2012年世界で14％減）「ポストパソコン時代」には既に恐竜と化し、ソーシャルメディアの新旧交代が起こり始めています。

第2四半期の好決算と株高に湧くフェイスブックは、その直後「最早、クールではない」と自ら負けを認め、投資家を驚かせました。

一方、ミクシィは、2013年4－6月期に上場以来の赤字に陥り、社長が交代しました。さらに、マーケティングの視点から見れば、日本のローソンのLINE参加者は既に千万人を超えたのに対し、フェイスブックはわずか48万人ですから、効果の違いは明らかです（2013年9月）。

無料メッセージと無料電話などを特長とする対話アプリは、同時に通信キャリアの電話ビジネスをも破壊し始めています。

一方、アジアでは、中国の微信（ウイーチャット）、韓国のカカオトーク、日本発のLINE、米国のホワッツアップなどが市場分割戦争を戦い始めています。

日本、中国、韓国では、既にフェイスブックが対話アプリの後塵を拝しています。

　面白いのは、各社とも、最早時代遅れと思われるテレビＣＭを投入し、次の覇権を目指して凄い戦いを展開している点です。

　日本では、LINEやカカオトークしか登場していませんが、本場の米国では、スナップチャット、インスタグラム、パスなど様々な対話アプリが登場しています。それらのサービスは、早晩、国内にも登場するでしょう。

　2013年7月の参議院選挙では、各党がLINEやツイッターを活用し、安部総理大臣がフェイスブックを活用した選挙運動を進めるなど、日本初のインターネット選挙で盛り上がりました。その中心は、SNSと呼ばれるソーシャルメディアです。

　インターネット選挙が様々な選挙で繰り返されれば、それを契機として、ソーシャルメディアの新旧交代は加速されると考えられます。

　安倍総理も、次の選挙では、一部に後5年程度の寿命という見方が出ているフェイスブックを使うかどうかさえ不透明な時代です。

　本書は、ポストパソコン時代の到来に伴って大変化するソーシャルメディアの新旧交代の現状と背景、海外の状況、マーケティングの状況、その未来などをわかりやすく解説します。

　それでは、読者の皆様と共に、新しいソーシャルメディアの世界に旅立ちましょう。

　　2013年10月

　　　　　　　　　　　　　　　　　　　　　　　山崎　秀夫

ミクシィ・フェイスブックが消える日　目　次

はじめに

序章　ポストパソコン時代に大きく変化を始めた
　　　　ソーシャルメディア

1　フェイスブックの若者離れ 12
2　スマートデバイスと地デジという隕石の飛来 13
3　すべてのモノがネットにつながる時代 14
4　SNSの新旧交代は世の習い 15
5　ソーシャルメディアの特長 16
6　プロシューマーによるアプリ中心の時代が始まる 17
7　哺乳類対話アプリ・ホワッツアップの登場 18
8　多彩な対話アプリのサービス 18
9　社会に適応し過ぎた既存SNS、若者の欲求を
　　満たせない状況 19
10　新しい対話アプリの流行でツイッターが伸びるわけ 21
11　対話アプリの走りツイッター 22
12　プリズム事件の若者への影響 24

第1章　ポストパソコン型ソーシャルメディア・
　　　　対話アプリの台頭

1　百花繚乱たる多様な対話アプリの登場 26
2　文字メッセージ型対話アプリ・米国のホワッツアップ 26
3　文字メッセージ型対話アプリ・カナダのキック 28
4　文字メッセージ型対話アプリ・中国の微信 29
5　文字メッセージ型対話アプリ・韓国のカカオトーク 34

6	文字メッセージ型対話アプリ・日韓合作の LINE	35
7	文字メッセージ型対話アプリ・米国のピング	38
8	文字メッセージ型対話アプリ・撤退するのか日本のコム（COMM）	39
9	ソーシャルゲームはスマフォゲームを支える対話アプリの時代へ	39
10	無料電話型対話アプリ・米国のタンゴ	40
11	自動消滅する写真型対話アプリ・スナップチャット	42
12	文字による時限対話アプリ・アンサ (ANSA)	47
13	公開型写真対話アプリ・インスタグラム	47
14	無料電話型対話アプリ・キプロスのバイバー	50
15	動画型対話アプリ・ツイッターが買収したバイン	51
16	アバター型対話アプリ・ポケットアバター	52
17	プライベート人数限定型対話アプリ・パス (Path)	53
18	車がしゃべる対話参加型・ウエーズ (Waze)	57
19	恋人専用の対話アプリ・カップル	59
20	企業が活用する対話アプリ・タイガーテキスト	60
21	友達の友達型からじゃれあい型への変化	61

第2章　新しい個人コンピューティングの形とソーシャルメデイア

1	オタク文化の終焉	64
2	リアルタイム会話中心	64
3	ながら利用と退屈時間のイベント化	65
4	自分探しと愉快利用	66
5	ネットと店舗、仮想と現実の重なり合い	66
6	単純シフト	68

7　お手軽シフト（カジュアルシフト） ……………………… 68
  8　消えゆくソーシャルメディア文学 ………………………… 69
  9　時系列での複数スマート機器の活用 ……………………… 70
 10　セルフサービス文化の浸透 ………………………………… 70
 11　モノからサービスへ ………………………………………… 71

第3章　衰退を始めたSNSの現状
  1　衰退を始めたミクシィの現状 ……………………………… 74
  2　フェイスブックで始まった若者離れ ……………………… 76
  3　フェイスブック最高決算での危機感の吐露 ……………… 79
  4　フェイスブックは国内でも参加者数減少（第三者調査） … 79
  5　暗い前途を暗示するソーシャルゲーム・ジンガの没落 … 80
  6　馬鹿な行動が表現できない既存SNSは衰退へ …………… 82
  7　ミクシィ、フェイスブックの疲れの秘密 ………………… 84
  8　実名公開型は社会への過剰対応か、
　　　匿名のタンブラー人気 …………………………………… 86
  9　規制が年々厳しくなり魅力を失うミクシィ ……………… 87

第4章　グーグルやフェイスブックの反撃
  1　アプリへの移行が遅れたフェースブッやミクシィ ……… 90
  2　対話アプリ・フェイスブックメッセンジャーの登場 …… 91
  3　待ち受け画面、フェイスブック専用フォンの失敗 ……… 93
  4　ミクシィの反撃は成功するか ……………………………… 94
  5　難しいアプリの開発、アプリ連動 ………………………… 96
  6　グーグルの反撃、グーグル＋からハングアウトが独立 … 97
  7　アップルの反撃、対話アプリと無料電話 ………………… 98
  8　ユニークなブラックベリーのアプローチ ………………… 99

第5章　プライベート・メッセージサービスの代表 LINEなどの仕組みの特長

1. 多人数参加の既存SNS、1対1が基本の対話アプリ ……… 102
2. 複雑な既存SNS、単純な仕組みの対話アプリ ……… 103
3. 無料メッセージと無料電話アプリ ……… 103
4. 自分探しの気持ちを表す写真やスタンプ ……… 104
5. 公開型とプライベート型の棲み分け ……… 105
6. 対話アプリはアプリの緩やかな連携 ……… 108
7. LINEに見る対話アプリの特長 ……… 109
8. 先行するビジネスモデルの確立LINE ……… 109
9. 明確な従来型ネット広告への反発対策 ……… 110
10. 楽しめる洗練された広告 ……… 112
11. 日韓連合による戦略 ……… 113
12. ツイッターに対する逆張り戦略 ……… 114
13. フェイスブックを倒すには何が足りないのか ……… 115
14. 欠落するインスタグラムやカカオストーリーのサービス ……… 116
15. LINEの現状要約 ……… 117

第6章　激化するアジアのプライベート対話 アプリ・サービスの市場争い

1. 韓国のカカオトーク、中国の微信、日本のLINEの対決 ……… 120
2. 対外進出がLINEに遅れた微信 ……… 121
3. LINEが仕掛けた台湾戦争 ……… 122
4. LINEが制したタイ ……… 123
5. インドネシア争奪戦 ……… 126
6. 微信が先行したマレーシアが熱い ……… 128

7	激戦のシンガポール	129
8	群雄割拠で泥沼化するベトナム戦争	130
9	フィリピンも戦場に	131
10	様子が異なるインド	132
11	アジアで共存するのか各種対話アプリ	134
12	対話アプリの発展途上国攻略対策	135
13	アジアからアフリカへ	136
14	欧州の状況	137
15	誰が米国上陸を果たすのか	138

第7章　メッセージサービス・マーケティングのすごい特長

1	マーケティング利用で先行するアジア系3社	140
2	O2Oに最適な仕組み	141
3	フェイスブックより1桁多いLINEの集客	143
4	大きい仲間内での友連れ効果	146
5	微信のアプローチ	147
6	充実する微信のローカル・エリア・マーケティング	149
7	北米の状況	149
8	LINE@はお店の店長や担当者のセンスが勝負	150
9	これがLINE？　面白い大相撲の成功事例	152
10	LINEのキャラクターグッズとパルコのマーケティング	155
11	LINEのアバターマーケティング	156
12	中国の微信のマーケティング成功事例	157
13	韓国のカカオトークの認証ショト・マーケティング	161
14	ピンタレストのマーケティング	162
15	バインとツイッターのソーシャルテレビマーケティング	164

第8章　インターネット選挙とメッセージサービス
　1　インターネット選挙の解禁 168
　2　ネット選挙で勝負した候補者も存在 169
　3　政党別ファンクラブづくりはLINEが圧勝 170
　4　LINEを最も上手く使った公明党 172
　5　韓国大統領選挙の若者投票率を引き上げた
　　　カカオトークとカカオストーリー 173
　6　米国のインスタグラム大統領選挙 175

第9章　通信キャリアがLINEに屈服
　1　通信キャリアは売上ゼロの時代 178
　2　LINEそっくりに変身したauのキャリアメール 178
　3　中国も事情は同じ 179
　4　対立か業務提携か 180
　5　韓国の事情 180
　6　米国の事情 181
　7　サービス支配を巡り戦う時代 182

最終章　ソーシャルメディアの新旧交代
　1　クールな時代の終わりとフェイスブックの決断 184
　2　SNSはどこで生き残るのか 187
　3　対話アプリと融合する企業SNS 187
　4　対話アプリが補足する近隣SNS 189

あとがき

序章

ポストパソコン時代に
大きく変化を始めたソーシャルメディア

序章　ポストパソコン時代に大きく変化を始めたソーシャルメディア

1　フェイスブックの若者離れ

　現在、世界最大のSNSフェイスブックでは、先進国で「若者離れ」が進行しているとの見方が根強くあります。フェイスブックの発表を見れば、月次の実参加者数は決して減ってはおらず、発展途上国を中心にむしろ増えています。

　しかし、多くの第三者調査では、先進国における若者の活用時間の大幅減少を示唆しています。遂に、ザッカーバーグ最高経営責任者も、「最早、フェイスブックはクールではないしクールに戻ることもない」と若者離れの進行を認めました。

　フェイスブックの若者離れとは、栄華を極める貴族社会のような巨大なフェイスブックが次第に衰退する一方、武士の興りに喩えられるように、日本のライン（参加者数2億5,000万人）や中国の微信（ウイーチャット、同4億人）、韓国のカカオトーク（同1億人）、米国のホワッツアップ（同4億人）、カナダのキック（同8,000万人）などの対話アプリが世界各地に台頭し、フェイスブックから若者を奪い取り始めている現象を指します。

　対話アプリというのは、スマートフォンが生み出した新たなソーシャルメディアのサービスです。

　米国の有名な経営紙であるビジネスウイーク誌は、登録参加者数が1億を超える対話アプリなどの新サービスが既に10本あり、後に20本が続いている現状を「スマートフォン上ではフェイスブックは最早、支配的なソーシャルメディアではない」と述べています。

　パソコンとブラウザー上では約11.5億人が参加するフェイスブックも、スマートフォンやタブレットの視点で見た場合、後れを取っているという指摘です。

2　スマートデバイスと地デジという隕石の飛来

　スマートフォンなどスマートデバイスの普及は、かつて地球の王者恐竜を絶滅させた隕石のようなものです。

　地デジは、スマートテレビの時代を導くといわれていました。しかし、2012年3月期の決算から2年間続いたテレビが売れないことによる国内家電メーカーの大赤字は、日本を支えてきた家電業界の絶滅的な崩壊が起こり、日本中を震撼させました。

　一方、2012年には、アマゾンや楽天ネット通販も独自のスマートデバイスを売り始めています。電子書籍のサービスとプライベート・ブランドによる「リーダー機器の開発と販売」も衝撃でした。

　紙が支えた出版業の絶滅論が唱えられ始めました。アマゾンや映画のネットレンタル企業、ネットフリックスなどの破壊力は大きく、米国では家電量販店のサーキットシティ、ＤＶＤレンタルのブロックバスター、書店2位のボーダーズが倒産しました。

　既存の流通ビジネスの絶滅と同時にアマゾンなどのネット通販がスマートデバイスを武器に勢いを増しています。これは大きな環境変化です。

　日本の通信キャリアのトップ企業であるＮＴＴドコモは、「弊社のライバルはアマゾンや楽天だ」と言い出しています。一昔前にはちょっと考えられないような大混乱と異業種格闘技の時代が既に始まっています。

　思えば、メディアのネット移行を象徴するテレビのデジタル化（米国は2009年、日本は2011年）が始まる以前には、生活者が使うメディア消費財機器の代表といえば、アナログ型テレビと時々ネットに繋ぐパソコンと相場が決まっていました。

序章　ポストパソコン時代に大きく変化を始めたソーシャルメディア

3　すべてのモノがネットにつながる時代

　ところが、2007年にアップルからスマートフォンのアイフォン、2010年にタブレットのアイパッドが販売され、テレビがデジタル放送に移行する前後から、インターネットの牧歌的な世界は一変しました。
　ポストパソコン時代の到来です。
　それは、インターネット自体の成長と充実（クラウドコンピューティングの登場）とスマートデバイスと呼ばれるインターネット接続機器の拡大、地デジに象徴されるメディアのデジタル化の進行によって特長づけられます。
　パソコンとブラウザーの時代は終わり、スマートフォン、タブレット、スマートテレビ（ネットに繋がるテレビ）、更にその次にはスマートカー（ネットに繋がる電気自動車、自動運転も視野に入れている）や、ウエアラブルと呼ばれるスマートウオッチ（ネットに繋がる腕時計）、スマートグラス（ネットに繋がる眼鏡）などが登場し始めています。
　スマート家電が普及すれば、冷蔵庫やステレオ、クーラーや照明などもインターネットに繋がります。
　ポストパソコン時代は、モノのインターネット時代とも呼ばれ、スマートフォンやテレビだけではなく、生活者の持つあらゆるモノ（何と靴下やシャツ、帽子、バッグなど）がインターネットに繋がります。
　更に、産業インターネットと呼ばれる生産財（生産現場など仕事で使う機械）の領域では、列車や飛行機のような交通機械や産業機械や医療機械、農機具などあらゆる生産機器がインターネットに繋

がります。

そうなると、人々のライフスタイルもビジネスの世界も一変します。

当然、ソーシャルメディアも、古いサービスの絶滅と新サービスの誕生が始まっており、無関係ではあり得ません。

4　SNSの新旧交代は世の習い

さて、所謂SNSと呼ばれるサービスは、2003年頃から米国で「フレンドスター」（初期のSNSサービス）が本格的に運用され、その影響で2004年に日本ではミクシィやソーシャルゲームで有名になったグリーが誕生し、同じく2004年には米国でフェイスブックが誕生しました。

その当時は、パソコンをインターネットに繋ぐ高速なブロードバンドが普及を始めた頃であり、パソコンをブラウザーでインターネットに繋ぐ、思えば牧歌的な時代でした。

ネットコミュニティと呼ばれるサービス（以下、ソーシャルメディアといいます）も、それまであった一昔前のフォーラムや掲示板と呼ばれたサービス、教えて答える質疑応答のQ＆Aコミュニティなど、過去の様々なサービスを吸収して、非常に洗練されたSNSが登場しました。

SNS自体は、「6次の隔たり」という社会学の人間関係研究、人脈研究から出現したサービスです。しかし、その発達過程で、様々な周りのサービスを吸収して豊かになり、成長しました。

しかし、既存SNSが誕生した2003年から10年の間にフレンドスターが衰退し、マイスペースが台頭し、ニュースコープによる買収後、マイスペースも衰退しフェイスブックが台頭しています。わ

序章　ポストパソコン時代に大きく変化を始めたソーシャルメディア

【図表1　ミクシィのロゴマーク】　【図表2　フェイスブックのロゴマーク】

ずかの期間に主役が2回も交代したのです。

　一方、日本では、2004年以来、ミクシィが王者の地位を欲しいままにしてきました。そして、2010年のフェイスブック映画「ソーシャルネットワーク」登場前後（日本公開は2011年初）から、フェイスブックとの並立時代が最近まで続いていました。

　また、ソーシャルメデイアは、パソコン通信時代のフォーラムや掲示板以来、様々に形を変えて進化を遂げており、その都度、古いサービスが崩壊し、新しいサービスが登場して内容が洗練され、様々な問題点も指摘されながらも、サービスの新旧交代により少しずつ社会への定着が進むという歴史を繰り返してきました。

5　ソーシャルメディアの特長

　SNSに代表されるソーシャルメディアの特長とは、グーグルの得意な検索サービスに比べて「感情の要素が強い点」です。

　ですから、「SNS疲れ」に代表される中毒症状が時々起き、また仲間と集団でサービスからサービスに移動する「巣移りの儀式」が周期的に起こります。

「巣移りの儀式」というのは、複数の人々が同時に参加する戦闘ゲームなどでよく見られる、「集団でゲームを移る現象」を意味します。集団で楽しむゲーム（MMORPGと呼ばれている）も、一種のソーシャルメディアです。

「巣移りの儀式」は、SNS初期に台頭したフレンドスターが急速に廃れ、音楽のマイスペースに取って代わられた事件、また、そのマイスペースが有名なメディア王ルパート・マードック氏のニュースコーポレーションに買われた後、没落を開始し、フェイスブックに取って代わられた事件などが大規模なものです。

わずか10年ほどのSNSの短い歴史の中で、集団移動が2回起こっています。日本でも、同窓会サービスのSNSの「ゆびとま」が、2006年頃、暴力団に乗っ取られたときには多くの同窓会グループがミクシィなどに集団で移動しました。

「SNS疲れ」や「巣移りの儀式」は、ソーシャルメディアのサービスに感情の要素が強い点を意味しています。

一方、グーグルの得意な検索サービスやアマゾンのインターネット通販の場合には、感情の要素がないため、そういったサービス間の周期的な集団移動はありません。

筆者は、「ポストパソコン時代」という隕石の飛来が、ミクシィやフェイスブックなど古いSNSの「SNS疲れ」と「巣移りの儀式」と呼ばれる周期的な地殻変動を加速していると思っています。

6　プロシューマーによるアプリ中心の時代が始まる

インターネット上の各種サービスは、様々なアプリを通して生活者に提供されますが、それらのスマートデバイス上のアプリは企業だけが開発するわけではありません。

序章　ポストパソコン時代に大きく変化を始めたソーシャルメディア

　2010年当時、灘中学の３年生がつくったアプリがアップルのアップストアからのダウンロード数で３位に輝き、話題となったようにプロシューマー（生産型消費者）と呼ばれる一般生活者やマニアが様々なサービスをつくり出します。

7　哺乳類対話アプリ・ホワッツアップの登場

　そうした新たなエコシステムの下で、様々な新しいソーシャルメディアが登場し始めています。

【図表３　ホワッツアップのロゴマーク】

　対話アプリというのは、生活者同士でメッセージを交換するサービスや、ネット電話として活用するショートメッセージ・サービスの発展型です。それらの基本サービスは無料が原則です（このため、既存の通信キャリアと揉める事例も増えています。第９章参照）。

　スマートフォン向けの対話アプリは、2009年７月に米国で元ヤフー社員の２人が立ち上げた「ホワッツアップ」が走りだといわれています。

　AT&Tやベライゾンワイアレスなど通信キャリアの提供する有料のメールサービスや古いショートメッセージ・サービス（SMSと略される）を置き換え始めました。

8　多彩な対話アプリのサービス

　ポストパソコン時代の到来とともに、急速に社会に普及し始めた

対話アプリですが、ホワッツアップのような文字型の他に写真型対話アプリ（インスタグラムやスナップチャット）、動画型対話アプリ（インスタグラムやバイン、スナップチャット）、アバター型対話アプリ（インテルのサービス）、時限型対話アプリ（スナップチャット）、人数限定型対話アプリ（パス）など様々な変化形かあります。

また、それぞれ学校の友達など実際の仲間だけのプライベート型、ツイッターのように一般に公開する公開型の二種類の形があります。

更に新しい特長は、生活者の対話の中に機械のメッセージが紛れ込んで来るタイプ（ウエーズ）などが現れ始めている点でしょう。

対話による自己表現も日本のLINEが始めた絵文字の発展形のスタンプが急速に広まっています。（パス、タンゴ、バイバーなど）

9　社会に適応し過ぎた既存SNS、若者の欲求を満たせない状況

2013年5月に行われた調査会社、ピューリサーチの発表では、インターネットを使っている米国の10代の若者（12歳から17歳までの層）のうち、77％がフェイスブックに登録しています。

そして若者のうち7割がフェイスブックを投稿や「仲間とのやり取り」を親により監視されていると文句をいっています。また大人から友達に誘われる状況を「ドラマが多すぎる」と表現して拒否する傾向をはっきり示しています。

実際、若者はドラマが多すぎる結果、フェイスブックに参加すると疲れるとさえいっています。この調査では若者がフェイスブックを集団で辞める傾向までは示していません。

しかし、「うざい大人のいない仲間だけの対話アプリ」を若者は好み始めています。

序章　ポストパソコン時代に大きく変化を始めたソーシャルメディア

【図表4　米国の10代の若者間でフェースブックの人気は下がっている】

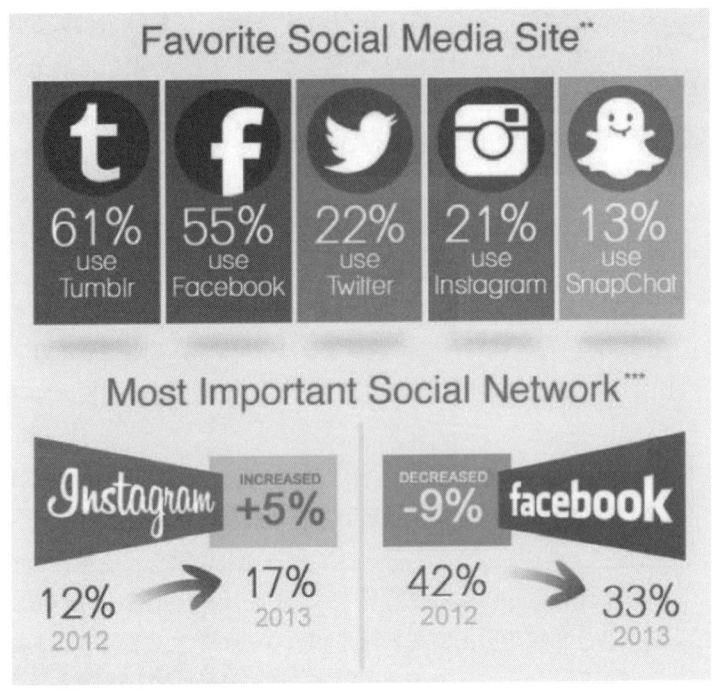

Favorite Social Media Site**

- 61% use Tumblr
- 55% use Facebook
- 22% use Twitter
- 21% use Instagram
- 13% use SnapChat

Most Important Social Network***

Instagram INCREASED +5%　12% (2012) → 17% (2013)

DECREASED -9% facebook　42% (2012) → 33% (2013)

＜出所：ネクストアドバイザー＞

　また、プライベート型の対話アプリの発展形ということで、ツイッターの活用者が増加しています（2011年若者の16％から2013年24％へ）。図表4に掲げたネクストアドバイザーの調査を見ても明らかです。

　別の調査では、米国の若者はフェイスブックなど既存のSNSで「馬鹿をやれない」点に大きな不満を抱いています。約1割の若者は「過去の投稿が就職などに影響した」と述べています。

　大学1年生のときにパーティーなどで馬鹿をやっている写真を投

稿したら、それが原因で「就職ではねられた」など既存SNSの監視社会状況に対して大きな不満を持っています。

また、フェイスブックなどの既存のSNSにおける個人情報保護の状況に対しても不満を持つものが増えています。

フェイスブックの社是は、「人々に共有する力を与え、オープンでつながりをもつ世界をつくる」となっています。しかし、このコンセプトは、これまで繰り返し、プライベートな社交表現や「強い個人情報保護を求める動き」と対立してきました。

例えば、2010年にフェイスブックの個人情報保護方針に反発したニューヨーク大学の学生たちは「ダイアスポラ」という別のSNSを立ち上げる事件に発展しました。

「既存のSNSは自分探しの旅に答えてくれない」という認識が若者の間で広まっています。

初期のフレンドスターからマイスペースへ、そしてフェイスブックへと支配的なSNSが交代を繰り返しながら洗練され、社会に適合して来たSNSサービスですが、社会に過度に適合する中で若者の求める革新性を失ってしまいました。

10 新しい対話アプリの流行でツイッターが伸びるわけ

面白いのは、対話アプリの流行を背景として公開型のソーシャルメディア・ツイッターが成長し始めている点です。

その結果、2006年7月に登場したツイッター（140文字以内の「つぶやき」（対話メッセージ）を投稿するサービス）も公開型対話アプリの走りだと考えられ始めています。

上述のピューリサーチの調査にも出ていますが、2011年に12％だったツイッターを活用する若者が2012年には26％に増え

序章　ポストパソコン時代に大きく変化を始めたソーシャルメディア

ています。一方、フェイスブックは 2011 年 93%、2012 年 94% ですから、ほとんど変わっていません。

【図表5　ツイッターのロゴマーク】

これに関してピューリサーチの調査は、「プライベートな閉鎖型対話アプリに慣れた若者が公開型のツイッターにも興味をしめしている」「何故ならばツイッターは対話アプリの延長線上にあり、イメージしやすいからだ」と述べています。

ツイッターが公開型の対話アプリとして見直され、米国で成長を始めました。

11　対話アプリの走りツイッター

ツイッターは、2013 年秋、ニューヨーク証券取引所に上場すると発表し、米国証券取引委員会に申請を出しました。現状では、6,925 万ドル（約 25 億円）の赤字であるにもかかわらず、上場を申請したわけです。しかし、ツイッターの稼ぐ広告売上は、70% がスマートデバイスからきており、フェイスブックを上回っています。

面白いのは、ツイッターが上場申請したお陰で、ツイッターのサービス形成過程やプライベートアプリ、フェイスブックなどとの比較研究が米国で盛んに行われ始めています。

そもそもツイッターは、現在、会長を務めている天才プログラマーのジャック・ドーシー氏の思いつきから開始されたサービスとされています。ドーシーさんは、当初、ショートメッセージサービ

スのグループ版を思いつき、「ショートメッセージサービス」のスタイルに基づいたサービスをイメージしていました。そして、それを Stat.us と名前をつけていたそうです。

　その結果、米国では、「ツイッターは対話アプリの最初の走り」という認識が広まりました。アイフォンが出る前にグループ対話アプリのツイッターを思いついたドーシーさんは、やはり天才でしょう。

　ツイッターの基本構想はドーシーさんが 2000 年 6 月に思いつき、実際には 2006 年 7 月にサービスとして提供が開始されました。

　そして 2007 年 3 月に米国のテキサス州オースチンで開催されたイベント「サウス・バイ・サウスウェスト」でブログ関連の賞を受賞しています。当時ポストパソコン時代の先駆けとなったアップルのアイフォンは未だ発売されていませんでした。

　その結果、当初ツイッターは、持ち運び用のラップトップ型パソコンから盛んに利用されていました。筆者も 2007 年頃米国で行われた仮想社会サービスの「セカンドライフ」のカンファレンスに参加したとき、講演者が講演が終わって観客席に戻ると直ぐラップトップパソコンを取り出してツイッターに触っていたのをよく覚えています。

　ツイッターは、その後、フェイスブックがブラウザーに固執している隙を突いて、アップルと提携しました。

　パソコン上ではフェイスブックに押され気味のツイッターにとっては、アップルとの提携は大成功でした。現在のツイッターの最高経営責任者であるデイック・コストコさんは、「アップルから単純さに特化したアプローチを教わった」と述べており、これ以降ツイッターはフェイスブックに先駆けてポストパソコン時代に適応していきます。

　さて、上場を発表したツイッターの悩みは、規模面からの成長率の鈍化です。その対策として、フォロアーからのダイレクトメッセー

ジを自由に解禁するなど、プライベートメッセージ・サービスを強化し始めています。

更に、ツイッターとは別のアプリの形で、LINE 型のプライベートアプリやスナップチャット型の消えるメッセージを近く立ち上げる規模拡大を計画中という報道も出ています。

なぜならば、ソーシャルメディアの中で、先進国で急成長しているのは、最早、フェイスブックではなく、対話アプリの勢力だからです。ツイッターにとっても、ライバルが新旧交代したわけです。

12　プリズム事件の若者への影響

2013 年 6 月、当時香港に滞在していた元中央情報局（CIA）及び国家安全保障局（NSA）勤務のブーズアレン・ハミルトン社員、エドワード・スノーデンさんの告発（英国ガーデイアン紙、米国ワシントンポスト紙）は米国政府だけではなく、世界を震撼させました。

彼は、米国政府の内部文書を暴露し、「プリズム計画と呼ばれる米国政府による個人情報収集の手口」を世界に示しました。

そして、資料の中にグーグルやアップル、ヤフー、そしてフェイスブックの名前があったのです。わかりやすく言えば、フェイスブックは米国政府の要求に応じて個人情報などを提供していたということが明確になったのです。

これに対して個人情報の保護を求める人たちは猛反発しました。面白いことにツイッターはプリズム計画への関与がなく、逆にフェイスブックは関与が目立ちました。

まだ、誕生間もない対話アプリは、どのサービスも関与がありません。

筆者は、プリズム計画などの影響も既存 SNS から対話アプリへの移行の促進要因になると考えています。

| 第1章 |

ポストパソコン型
ソーシャルメディア・対話アプリの台頭

第1章　ポストパソコン型ソーシャルメディア・対話アプリの台頭

1　百花繚乱たる多様な対話アプリの登場

　フェイスブックやミクシィは、パソコンの大きな画面とブラウザーの上で多くの Web アプリが積み上がり、最早、動きの遅い恐竜となっています。

　一方、画面の小さなスマートフォンやタブレットを活用する対話アプリは、まるで小さな哺乳類のように百花繚乱たる多様な種類のサービス、そして小さく単純なサービスが登場しています。

　まず、対話アプリは、閉鎖的なプライベート型アプリと公開型アプリに分類されます。閉鎖的なプライベート型対話アプリの代表は、米国のホワッツアップ、中国の微信（ウイーチャット）や韓国のカカオトーク、そして日本の LINE や恋人用のカップルなどがあります。公開型の対話アプリの代表は、ツイッターやインスタグラムなどです。

　また、写真対話アプリと組み合わせたモバイルショッピング・アプリのワネロ（1,000 万人参加。2013 年 8 月現在）も急速に伸びており、パソコン発の写真型対話アプリのピンテレストを追い上げています。

　更に、対話アプリは、文字メッセージ型、無料電話サービス型、写真型、動画型、アバター型、時限型などに分類されます。

2　文字メッセージ型対話アプリ・米国ホワッツアップ

　文字メッセージ型対話アプリは、米国のホワッツアップが老舗です。

　2013 年 8 月現在、登録参加者数 4 億人、月次の実参加者数が

3億人、毎日310億個のメッセージ投稿など、圧倒的な、世界一の規模を誇っています。

　日本を含む世界中に普及し、各スマートフォンなどで使えます。ホワッツアップの特長は、メッセージサービスに特化した非常にシンプルなサービスという点でしょう。無論、写真や動画なども載せられますが、無料電話はサービスされていません。ただし、画像やビデオ、音声メッセージは送信できます。

　ホワッツアップは、2009年7月、米国の元マイクロソフト社員2名（ブライアン・アクトンさんとジャン・コウムさん）によって立ち上げられました。サービスの特長は、一切の広告を拒否しており、またカカオトーク、LINEや微信が実施している公式アカウントなどの「企業フレンドの登録も拒否」しています。そして、わずか45人という少人数でサービスを運営しています。

　ホワッツアップの利用者は、アップストアやグーグルプレイストアでアプリの利用料を年間1ドル（実際は99セント）支払う必要があります。

　面白いのは、同社の広告嫌いは徹底しており、「ソーシャルメディアの対話に広告は邪魔だ」という思想を世界中の対話アプリに浸透させました。

　また、広告のないサービスである点が非常に若者に受けています。

　ホワッツアップの経営者は、メディアに出るのを嫌います。また、ホアッツアップは、LINEなどアジア3社が採用している様々なアプリの連携によるプラットフォーム戦略を採用していません。

　したがって、対話アプリと連携したゲームの販売や、電子書籍販売、通販、企業を友達登録する企業フレンド対応などのサービスは、一切実施していません。テレビＣＭにも背を向けており、アジアの3社とは全く正反対のアプローチをとっています。

3 文字メッセージ型対話アプリ・カナダのキック

米英で急速に伸びているのが、カナダのオンタリオ州に本社を置くキックと呼ばれる文字対話型アプリ（プライベート型）です。2013年8月現在、登録参加者約8,000万人が参加しており、国内のLINE並みに急成長しています。

例えば、英国の北東部ニューカッスルに住む高校生、ジェイコブ・ロビンソンさんは、キックが2012年秋頃から爆発的に成長したからサービスを利用し始めています。

そして、1日に200回もキックを活用して仲間と対話をしており、リアルタイム性という視点からフェイスブックは魅力が色褪せたと述べています。

ビジネス視点からは、キックは単純なメッセージアプリだけに特化する戦略のホワッツアップと異なり、今後はゲームやスタンプ販売、通販なども検討しており、多様なビジネスの連携に力を入れて

【図表6　カナダのキック】

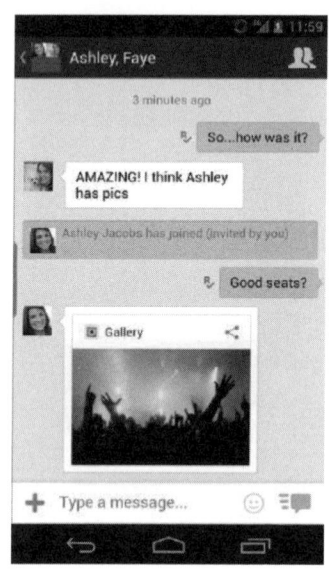

〈出所：グーグルプレイストア〉

いく方向です。

その戦略は、むしろ後述するアジアの3社（LINE、微信、カカオトーク）に近いと考えられます。

実際、かつてフェイスブックのソーシャルゲームの潮流をつくり上げたジンガと提携して、HTML5ベースアプリのゲーム販売を開始しています。また、スタンプの販売も開始しました。

4　文字メッセージ型対話アプリ・中国の微信

微信（ウイーチャット）は、中国のテンセントが運営するプライベート型対話アプリのサービスです。登録参加者数は4億人、内海外からの参加者は約1億人、実際に使っている月次実参加者数は約2億3,580万人（2013年9月現在）といわれています。

微信のサービスは、日本発のLINEより数か月早い2011年1月に開始されています。アイフォン、アンドロイドフォン、ウインドウズフォンやノキアの一般携帯電話、ブラックベリーなどに対応しています。

【図表7　中国の対話アプリ微信（ウイーチャット）】

〈出所：微信〉

【図表8　中国のツイッターといわれる公開型対話アプリ微信（ウエイボ）】

〈出所：微信〉

面白いのは、登録参加者数が5億人といわれる新郎微博（ウエイボ）と呼ばれる中国版ツイッターの参加者数の伸びが止まり、あまり活発でなくなってきたというウ

第1章　ポストパソコン型ソーシャルメディア・対話アプリの台頭

オールストリートジャーナル紙などのレポートです。

それは、微信が成長しているのが理由だというものです。新郎微博は、中国の代表的なソーシャルメディアとしてよく取り上げられるサービスです。

微信の基本サービスは文字型対話アプリですが、写真や動画も載せられますし、声でメッセージを送るボイスメッセージ型のサービスが人気です。

また、「動画呼び出し」と呼ばれる無料のビデオ電話も人気です。

更に、QRコードを活用して、友人を微信のグループチャット（複数の知合いでの同時会話）に招待する仕組みもあります。

【図表9　微信のドリフトボトルのアプリ】

〈出所：微信〉

そして、マーケティングも活発であり、運営会社のテンセントのインターネット決済の仕組みが使えます。微信もLINEや韓国発のカカオトークと同様、企業と一般参加者が友達になる制度（オフィシャルアカウント）を持っています。

面白いのは、割引などの特典を得るために、参加者は店舗を訪問して、QRコードで仮想メンバーシップカードの作成を求められる点でしょう。

微信の基本がプライベートな閉鎖型対話アプリであるにも関わらず、公開型の仕組みも併せ持っています。わかりやすくいえば、ラ

インとツイッターが同じアプリの中に同居しており、上手く使い分けられるようなイメージになっています。

例えば、公開型の仕組みには、①②のようなものがあります。

① ドリフトボトル

昔の児童唱歌に詩人の西条八十が作詞した「椰子の実」がありました。これは、遠く離れた南の島から椰子の実がはるばる海を渡って日本の海岸に流れ着いた様を歌にしたものです。南の島から流れ着いた椰子の実は、誰が受け取るか全くわかりません。

ドリフトボトルは、それと同じで、スマートフォンの微信アプリからメッセージを流し、誰かが偶然、そのメッセージを受け取るといった仕組みです。

ドリフトボトル自体は、日本でもアイフォン上の人気アプリの一つになっています。

送り手は、文字または音声メッセージを投稿して「流す」を選択すれば、メッセージは海に流れます。受け手は、メッセージを「拾う」を選択してメッセージボトルを海から拾い上げるイメージです。

そのメッセージボトルに返信することもできますが、面白くなければ海にメッセージのボトルを戻すこともできます。遊び心でつくった仕組みでしょうが、メッセージの代わりに「ヒトデ」を拾うこともあります。「ヒトデ」を拾ったらやり直しです。

② シェークとルックアラウンド

スマートフォン活用法の中心は、外出先でのながら利用です。微信は、シェークとルックアラウンドという面白い仕組みを備えています。シェークは、お互いのスマートフォンを軽くぶつけることにより連絡先を交換できます。

ルックアラウンドは、GPS(衛星を使った位置情報サービス)と連動しており、相手の位置がわかり、近くにいる見知らぬ微信ユー

第 1 章　ポストパソコン型ソーシャルメディア・対話アプリの台頭

【図表10　お互いのスマートフォンを軽くぶつけ合うことにより
　　　　　連絡先を交換する仕組み「シェーク」】

〈出所：微信〉

ザーと仲良くなる仕組みです（無論、お互いにシェークやルックアラウンドを同時活用している必要があります）。

　また、この手のスマートフォンと位置情報を使ったイベントは、スマートフォン鬼ごっことして日本でも注目されています。

　微信とは関係ありませんが、例えば、2011年の東京モーターショーでは、ドイツの自動車会社BMWが鬼ごっこを行い、スマートフォン上に存在する鬼を捕まえた参加者にはミニクーペをプレゼントするといった大人気イベントを実施したことがあります。

　「ミニクーペ・ハンティング大作戦」と命名されたこのイベントは、当初、鬼役の人がアプリの中に「バーチャル・ミニクーペと呼ばれる鬼」を持っています。

　そして、GPS（位置情報サービス）を利用して鬼から50メート

【図表11　微信の「ルックアラウンド」を使うと周囲にいる人々の顔が見えメッセージを送ることができる】

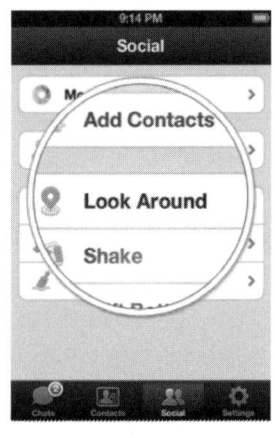

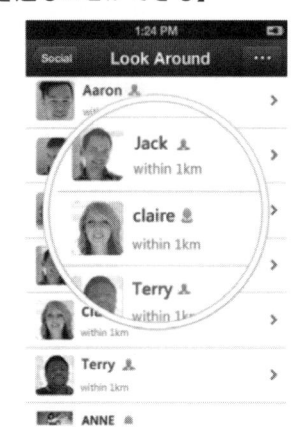

〈出所：微信〉

ル以内に近づけば、アプリの中の「鬼」を奪い取ることができ、今度は奪い取った人が鬼になります。

　鬼になった人には、逆にハンターの位置が地図上に表示されるので一生懸命逃げます。

　このイベントは、9日間行われました。そして12月11日13時のゲーム終了時に、鬼を持っている人が、見事、バーチャル・ミニクーペを手に入れたというわけです。

　アジア最大の微信は、中国国内を中心に更に様々な試みを始めています。

　例えば、2012年11月アプリケーション・プログラム・インターフェースを公開しました。

　これにより第三者の企業は、微信上で自由にEコマース（インターネット通販）などのサービスアプリがつくれるようになりました。

5 文字メッセージ型対話アプリ・韓国のカカオトーク

　カカオトークは、2010年3月、韓国企業カカオ社によって開始されたサービスです。サービス開始後、グーグルの運営するグーグルプレイストアから、アプリが「トップ開発者」として絶賛されました。

　面白いのは、カカオトークの最高経営責任者であるキム・ボムスさんとLINEの親会社、NHNコーポレーション取締役会議長のイ・ヘジン会長は、当初、韓国NHNコーポレーションの共同創業者だったという歴史です。かつて共にサムスンSDSの同期入社であり、合併会社NHNを共に興した、昔の仲間2人が対話アプリを巡って戦っているわけです。

　カカオトークは、韓国でアイフォンの販売が開始された2009年11月以降、一挙にホワッツアップなどの対話アプリが急成長したため、それに対抗する形で開発されました。

　そして、ポストパソコン時代の先進国である韓国のソーシャルメディアトップ企業に躍り出ました。

　その背景には、韓国サムソン電子によるスマートフォン、ギャラクシーシリーズなどアンドロイドフォンの発売があり、カカオトークはその波に乗って一挙に普及しました。韓国には、古いサイワールドと呼ばれるミクシィ世代のSNSがありますが、カカオトークとの新旧交代が明確です。

　韓国では、ナンバーワンのカカオトークは既に参加者数は2013年7月、登録参加者数1億人を超えています。

　2012年10月、日本では、カカオジャパンにヤフー！ジャパンが出資を行い、対等な合併会社の形をとり、日本でカカオトークを

【図表 12　カカオトークのアプリの強みは無料グループ通話、
　　　　　グループチャットなど】

〈出所：グーグルプレイストア〉

売り込んでいます（カカオコーポレーションが 50%、ヤフー！ジャパンが 50% の持分比率）。

　無料のメッセージサービス、無料電話の他に 5 人までのグループ通話がサービスされるなど、非常に面白い展開をしています。無論、写真や動画なども取り扱えます。

　ビジネスとしては、まず LINE 対抗という点から、多くの豊富なスタンプは無料で提供されています。例えば、2012 年のクリスマスには、ベルの鳴る、音の出る無料スタンプが提供されました。また、ショッピングやオークション、ゲーム販売などとの連動がヤフー！ジャパンとの連動も含めて開拓されています。

6　文字メッセージ型対話アプリ・日韓合作の LINE

　日韓合作の LINE は、2013 年 9 月現在、登録者数 2.5 億人（内

第1章　ポストパソコン型ソーシャルメディア・対話アプリの台頭

【図表 13　日韓合作の LINE の特徴はスタンプ、無料通話やメール、
　　　　　動画音声メッセージなど】

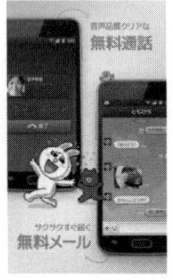

〈出所：グーグルプレイストア〉

国内約 5,000 万人）、全世界 231 か国で活用されています。無料通話・無料メールアプリの決定版という触れ込みです。

　対話型メッセージサービスにスタンプと呼ばれる大きな絵の表現を導入し、世界中に普及させたのが LINE の特長でした。

　LINE は、2013 年 6 月に日本でサービスを開始しています。開発を行った LINE 株式会社（旧 NHN ジャパン）は、韓国 NHN コーポレーションの日本法人の 1 つです。

　同社は、韓国ではグーグルを超えるパソコンの検索ポータル・サービスであり、日本国内ではハンゲームの販売で知られた企業です。あのホリエモンが立ち上げたライブドアを買収した会社といえばわかりやすいと思います。

　東日本大震災を目の当たりにした当時 NHN ジャパンの会長であったイヘジンさんは、スマートフォンによる対話アプリの必要性を痛感し、LINE の開発を決断しました。

また、電話が繋がりにくい中、当時は日本国内の利用者数が約200万人といわれたカカオトークが注目され活用された点も影響を与えました。
　こうしてLINEは、大震災と放射能汚染により東日本が混乱する中で誕生しました。
　LINEを韓国の本社ではなく「何故日本法人で立ち上げたのか」に関しては、読者の皆様にも非常に興味深い点であると考えられます。
　何故ならば、そこにインターネットに関係するすべての企業が抱える「ポストパソコン時代の新しいエコシステムへの適応課題の克服」のヒントが眠っているからです。
　確かに、直接のきっかけは東日本大震災であり、それを体感したイヘジン会長の決断でした。しかし、その背景には、ポストパソコン時代への対処を巡る韓国NHNの苦闘が背景にありました。
　韓国では、2009年11月にアイフォンが発売され、一挙にポストパソコン時代が訪れました。韓国カカオのカカオトークは、その波に乗って急成長する一方、NHNが2011年2月にサービスを開始した文字対話アプリのネイバートークは酷評され、「鳴かず飛ばず」でした。
　その理由は、様々な機能が満載された総花的なサービスだったからです。ネイバートークには、「……ながら利用」「お手軽シフト」「シンプルなサービス」などの基本が欠けていたため、韓国の生活者に古いサービスとして見捨てられました。
　一方、日韓を中心とした混成部隊が開発を手掛ける日本法人は、「ポストパソコン時代」に対してアプリによる非常にシンプルな仕組みに注目していました。韓国の開発部隊よりも、日本現地法人の「多様性を持つ混成の開発部隊」（約2割が外国人）のほうが、「ポ

ストパソコン技術の先を見る目」を持っていました。

　ネイバートークが2月にサービスを開始し、3月に東日本大震災が起き、ネイバートークの不人気を見て即LINEの開発を決断したイヘジン議長の経営判断は非常に鋭く、まさに英断であったといえるでしょう。

　当時、韓国では、カカオトークが圧倒的な伸びを示しており、最早、ネイバートークでは追い付けない事情もありました。「韓国が駄目なら日本市場があるさ」「カカオトークが韓国市場で手一杯の隙に日本市場を攻めよう」という経営判断も正解だったようです。

　その結果、LINE は日本市場を席巻し、グローバル市場でも 2.5 億人の参加者を獲得し、ホワッツアップはおろかフェイスブックすら脅かし始めています。

　また、LINE の様々なマーケティング（企業とのマーケティング連携、スタンプ販売、ゲームやアバターサービス、電子書籍、音楽、通販など）は、世界中の対話アプリの中で最も進んでおり、各社が盛んに真似を始めています。この点は第7章で詳しく説明します。

7　文字メッセージ型対話アプリ・米国のピング

　電子メールと文字対話のメッセージアプリの性格を併せ持つサービス「ピング」が立ち上がり、注目を集めています。

　2013年9月からサービスを開始したピングの仕組みは、次のようになっています。

　メッセージの受け手と送り手の片方が電子メールのソフトを活用している場合には、ピングは電子メールとして機能します。相手のメッセージをメールボックスに受け取り、内容や宛先の検索、未読、既読管理、返信管理などを行います。

一方、双方がピングを使っている場合には、対話アプリ特有のメッセージサービスとして機能します。電子メールの長所を取り入れた「電子メールと対話アプリを併せ持つ米国ピング」は、文字対話アプリの進化系と申せましょう。

8　文字メッセージ型対話アプリ・撤退するのか日本のコム（COMM）

　日本のコムは、実名登録を特長とする文字型対話アプリです。

　日本のソーシャルゲーム（モバゲー）やショッピングサービスを展開するDeNAは、スマートフォンを中心としたサービスへの転換を急いでいます。同社が2012年10月に開始した実名のサービスであり、米国のピングと同様、電子メールとの接続も可能なため、期待されました。

　電話帳に登録されている相手のアドレスを指定し、コムのトーク（対話画面）からスタンプなどを使った電子メールを送ることが可能といった優れモノでした。相手からの電子メール返信も、コムのトーク画面（対話画面）から受け取れました。機能面では、非常に優れたサービスでした。

　DeNAは、コムに当初は70名の若手社員を投入していました。そして、2012年の年末までに500万人を突破するなど一時はサービスに勢いがありました。

　しかし、約8か月後には数名の社員を残して大幅な事業縮小を実施し、実質撤退に近い状況に追い込まれています。

9　ソーシャルゲームはスマフォゲームを支える対話アプリの時代へ

　蛇足になりますが、日本の老舗SNS企業で、現在、ソーシャルゲー

ムを展開するGREE（グリー）は、海外でメッセージアプリ「Tellit」を立ち上げ、一定の成功を得てきました。

　しかし、ポストパソコン時代の到来により、グリーの全体ビジネスが振るわないため、「Tellit」は2013年8月、約1年の寿命を終え、閉鎖されています。

　ミクシィやフェイスブックなどに支えられたソーシャルゲームが、アプリによるスマートフォンゲームにシフトする中、ゲームアプリの販促手段として既存SNSに替わる対話アプリとの連携が注目されています。韓国のNHNがLINEで成功する一方、DeNAやGREEはその波に乗り遅れ始めたといえるでしょう。

10　無料電話型対話アプリ・米国のタンゴ

　対話アプリには様々な出自がありますが、無料電話サービスから文字メッセージに進んだサービスも多数あります。その代表的なものの1つが、2009年9月にサービスが開始された米国タンゴです。

　タンゴは、マイクロソフトがウインドウズフォンを出したとき、買収した無料電話のスカイプではなく、タンゴのアプリを採用したため、全米を驚かせ、一躍有名になりました。

　タンゴの無料ビデオサービスは、非常に綺麗です。212か国で活用されており、登録参加者数は米国と欧州を中心に1億4,500万人（2013年9月）です。本社はカリフォルニア州のマウンテンビューにあり、社員数は140人です。

　サービスは、各スマートフォンやアップルのアイポッドとタブレットやパソコンで使えます。文字メッセージサービスを加え、参加者のプロファイル（自己紹介画面）を充実させ、ソーシャルメディアとしての性格を強めてきたサービスです。

【図表14　タンゴの無料電話型対話アプリ】

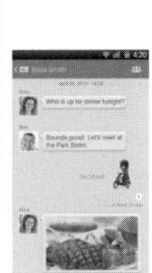

〈出所：タンゴ〉

　プロファイル（自己紹介画面）の提示を実際の知合いに制限するのか公開するのかの判断は選択できます。公開の場合には、周囲の参加者とはお互いに顔がわかります。

　当初は、通信キャリアの有料電話サービスや有料ショートメッセージサービスを脅かしていましたが、最近ではホワッツアップや中国の微信、LINEなどと共にフェイスブックのライバルと考えられ始めています。

　また、自分の居場所を開示して、同じ地域にいる見知らぬタンゴの参加者と連絡を取り合う仕組み（場所表示サービス）も入っています。

　タンゴも広告販売を実施するつもりはありません。ビジネスとしては、アプリケーションインターフェースを第三者に解放すると同時に、LINEやカカオトーク、微信と同様ゲーム販売やアバターサー

第1章　ポストパソコン型ソーシャルメディア・対話アプリの台頭

ビスの販売に力を入れています（ゲーム自体は多くが無料ですが、アプリ内での剣やドレスのようなアイテム販売で稼いでいます）。

また、ビデオ電話中に綺麗なバブルを湧き上がらせるなどの装飾サービスも有料で提供しています。

米国を代表する無料ビデオ電話サービスのタンゴは、企業家のウリ・ラズさんとスタンフォード大博士課程在学中のエリック・セットンさんが共同で立ち上げました。2人とも家族を海外に残していた関係で、簡単に海外の家族とお互いの顔を見ながら連絡を取れる方法を模索していました。

ラズさんは、海外に家族がバラバラに住んでおり、セットンさんは生まれたばかりのお嬢さんをフランスに残していました。パソコンではスカイプがありますが、自宅にいないと連絡が取れません。

そこで、何時でもどこでも連絡が取れるスマートフォンのアプリ活用を思いついたというわけです。

11　自動消滅する写真型対話アプリ・スナップチャット

現在、米国ウオール街の投資家層から熱い眼差しを向けられ、次なるフェイスブックと呼ばれるほど、非常に注目されている対話アプリに「スナップチャット」があります。

対話アプリといえばLINEばかりが注目される日本では、スナップチャットはあまりまだ馴染みのないサービスかもしれません。

人を食ったような、まるで漫画のお化けのQ太郎風のログマークに特長があるスナップチャットは、米国の若者を中心に大人気です。

ホワッツアップやカナダのキックなどが、登場すると同時に一斉に全世界に普及したのに比べ、スナップチャットは圧倒的に高校生など米国の若者に受けている点が特長です。

【図表 15　一言メッセージを入れて自動消滅写真を送るスナップチャット】

〈出所：スナップチャット〉

　スナップチャットは、物理的な知合いの間で「悪乗り写真」や「ふざけた写真」など「馬鹿をやっている写真」を送りあい、その場の雰囲気を伝えるものです（写真の代わりに、短い動画のメッセージ送信も可能です）。

　面白いのは、受け手が見た後、10秒以内（消滅までの時間の設定が可能）に消えてしまうサービスなのです。映画の「ミッションインポッシブル」（トム・クルーズ主演）の中では、本部からの指令を伝えるテープが「自動消滅」する人気シーンが出てきます。

　受け取ったメッセージの自動消滅というのは、何か秘密を持ったようでかっこよく、確かに若者受けがします。

　スナップチャットの写真型対話アプリは、正に「ミッションインポッシブル」のソーシャルメディア版といえるでしょう。

　スナップチャットは、ユーモア写真に適当な色づけをする、また落書きを加えることもできます。そして、説明の一言メッセージを書き込んで送るわけです。

第1章　ポストパソコン型ソーシャルメディア・対話アプリの台頭

　実際、対話メッセージをプライベートにするだけでは飽き足らず、自動消滅させたいというニーズも少なからずあります。

　マーケティングの大家、フィリップ・コトラーさんは、今先進国のマーケティングには「成熟社会における高い次元の欲求」を満たすことが必要だと述べています。

　そう考えれば、スナップチャットは、正に先進国における若者の高い次元のニーズにマッチした最先端のサービスだと考えられます。特に米国の中学生、高校生や大学生に大受けしています（人気がある年齢層は13歳から25歳くらいであり、特に高校生には大人気です）。

　しかし、最近では、欧州にも広がっており、早晩、日本国内にも普及すると考えられます。なお、ニールセンの調査（2013年6月）によれば、18歳以上の米国内の成人参加者数は800万人以上です（参加者の中で成人は少数派とみられています）。

　また、米国のアイフォン・ユーザーの12%がスナップチャットを活用しているという調査もあります。そして、各参加者は、1か月に1人34回以上のユニークな写真を送付し合っています。

　その結果、1日3.5億枚の写真が送付されています（9月現在、1日3.5億枚、6月には1日2億枚だった）。この数字は、フェイスブックの写真の投稿件数が同数の1日3.5億枚である点を考えれば、非常に大きなインパクトがあます。

　そして、スナップチャットは、フェイスブックにとって大きな脅威です。

　スナップチャットは、2011年9月当時スタンフォード大の学生だった、エバン・スピーゲルさんらが立ち上げました。本社は、ロサンジェルスのビーチにおけるスピーゲルさんの父親の家に置かれています。

昔、フェイスブックは、最高経営責任者のマーク・ザッカーバーグさんがハーバード大時代に女性の品評会サイトを立ち上げるといった若者特有の馬鹿なサービスを立ち上げた時代がありました。

　また、ハーバード大の仲間とフェイスブックのサービスを立ち上げた際、様々な仲間割れを起こしています。

　例えば、タイラーとキャメロン・ウインクルボスという双子の兄弟にアイデア盗用と訴えられるなど、立ち上げ時のごたごたを抱えていました。

　面白いことに、「馬鹿をやっている写真」のサービスであるスナップチャットの場合も、既に仲間割れ裁判が始まっています。こういう点が逆にウオール街の投資家に評価され、次世代のフェイスブックになるかもしれないという神話が生まれたのだと思われます。

　その結果、スナップチャットは、未だ1ドルも売り上げていないにもかかわらず、2013年6月には6,000万ドルの出資を得ました。

　既に述べましたが、米国の若者は親の参加や監視、またPTAによる指導などの既存の個人情報保護手法への反発（倶楽部ペンギンやスター・ドールなど子供用のソーシャルメディアでは親の指導を仕組みに入れているものが多い）、フェイスブックなど既存のSNSの個人情報保護の姿勢に不満を抱いているものが多く、自分探しをする過程で「馬鹿をやりたい、それを仲間と共有したい」という欲求を持つものが少なくありません。

　スナップチャットの普及は、先進国の成熟社会に適応しすぎた既存SNSに対する反発が背景にあります。

　面白いのは、米国におけるソーシャルメディアの議論です。従来のSNSでは、メッセージの投稿を消えない「モノ」と考え、投稿を蓄積するという発想が基本でした。これに対して、メッセージの投稿を一定期間後に消えるサービスとして最初に提示したのは、ミ

第1章　ポストパソコン型ソーシャルメディア・対話アプリの台頭

ニブログと呼ばれたツイッターでした。

しかし、ツイッターは、その後フェイスブックなどとのサービスの差別化のため、「ツイッターはソーシャルメディアではなく、情報ネットワークである」と宣言し、一時、方向転換をしました。そして今では、メッセージ投稿を蓄積し活用する方向に進んでいます。

スナップチャットの自動消滅型、時限型の対話アプリに関して、米国では興味深い議論があります。カフェや居酒屋での仲の良い知合いとの会話は、「アドバイスの言葉は流れて消えていく。それがむしろ自然だ」というものです。ちょうど「散り急ぐ桜の花びらのようにはかない、モノの哀れのようなあり方」がソーシャルメディアの対話でも自然であり、スナップチャットでそれが登場したという見方です。

カフェの会話とは、相談を受けたほうが相談者である知合いからの相談話を「そうかそうか」とうなずいて聞いてやり、その後小さなアドバイス、他人から見たら取るに足らないような些細なアドバイスを行います。

そしてそれが一瞬相談者の胸に響き、はかなく消えてゆくのが自然な姿だというわけです。米国の若いＩＴ関係の評論家が、スナップチャットの対話メッセージの自動消滅を巡って「日本的なモノの哀れの議論をしている」のには、筆者も非常に驚きました。まさにフィリップ・コトラーさんのいう「成熟社会の高い次元の欲求に答える仕組み」です。

無論、スナップチャットも全く問題がないわけではありません。基本のサービス原則は、気心の知れた現実世界の知合いとの間における写真や短い動画交換です。しかし、昨日のパーティで知り合った異性やネットで知り合った相手を友達として登録し、自動消滅写真を送ってしまうととんでもないことが起こりかねません。

例えば、過去、若い女性のおふざけヌード写真がスナップチャットからフェイスブックに流出した事件が報じられていました。

また、スナップチャットは、投稿写真が24時間だけ順番に見られるスナップチャットストーリーの機能も追加しました。

12　文字による時限対話アプリ・アンサ（ANSA）

2013年9月、写真の時限型対話メッセージサービスのスナップチャットに続いて、文字メッセージの世界でも時限対話アプリのアンサが登場しました（対象はアップルのiOS機器とグーグルのアンドロイドOS機器）。

スナップチャットの場合、写真が中心のため、文字メッセージは30字程度しか送れませんが、アンサの場合には文字中心のサービスです。

時間の指定により、メッセージの受け手が読み始めてから60秒以内にメッセージが消えてしまいます。無論、添付した写真だけを消すこともできます。

また、不適切なメッセージや写真を送った場合、誤送信の場合には、メッセージ送信後であっても送り手と受け手のメッセージを後付け消去することができます。

女性の最高形成責任者のマタリー・ブリラさんは、当初、スナップチャットを受け入れた層より年齢が高い学生層に向けてサービスを売り込みます。また、売上に関しては、スターバックスなどと共に消える広告を考えているそうです。

13　公開型写真対話アプリ・インスタグラム

2012年にフェイスブックの上場が行われた4月、フェイスブッ

第1章　ポストパソコン型ソーシャルメディア・対話アプリの台頭

【図表16　フェースブックに買収された公開型写真対話アプリの
　　　　　インスタグラム】

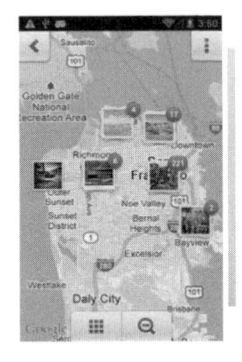

〈出所：グーグルプレイストア〉

クは、当時1ドルの利益も出していないスマートフォン専用の公開型写真対話アプリのインスタグラムを10億ドルで買収すると発表しました（実際の買収はフェイスブック上場後の2012年9月）。

当時、フェイスブックのライバルのツイッターも、5億ドル前後の買収額を提示していたといわれています。

2010年10月創業者のケビン・システロムさんらがアップルのアイフォンを対象に立ち上げたサービスです。

2011年9月には、参加者数が1,000万人に達しています。

写真を補正するフィルター機能などに特長があり、ソーシャルメディアの仕組みとしては、気に入った相手をフォロウするハッシュタグでお気に入りの写真を探すなど非常にツイッターに似たサービスです。

フェイスブック買収後、参加者数の減少が心配されましたが、逆に一挙に膨らみ、2013年9月現在では月次の実参加者数1.5億人

（内海外参加者の割合は6割以上）、累計投稿写真数は160億枚（それぞれ2013年6月現在）といわれています。

フェイスブック同様の「いいね」ボタンもあり、1日10億枚の写真に「いいね」ボタンが押されています。

注目すべきは、フェイスブックの戦略です。

これまでマイスペースを追い抜き、ツイッターからの脅威も上手く乗り切ったフェイスブックは、スマートフォンから生まれた哺乳類サービスというべきインスタグラムをどのように生かそうとしているのでしょうか。

既に述べたように、フェイスブックは若者を中心に対話アプリサービスに「かなりのサービス時間を食われている」という点は、よく理解しています。

そこで、もしSNSとしてのフェイスブックが万に一つ衰えるようなことがあれば、「インスタグラムを乗り換え船」にするという戦略を描いているのではないかという見方が出ています。

この場合は、既存のSNSサービスが跡形なく滅びても、会社としては対話アプリ企業として生き残ります（無論、フェイスブックは公式に発表しているわけではありません）。

そこまでいかなくても、恐竜としてのSNSサービスとインスタグラムを掛け合わせて、スマートデバイス上の広告売上を増加させるなどの相乗効果を狙った戦略を打ち出し始めています。

2013年6月、フェイスブックは、ツイッターが開始した6秒動画サービスのバインに対抗する15秒のインスタグラム動画を発表しました。

日本でも同じですが、米国ではテレビを見ながらツイッターをする「ソーシャルテレビ」が大流行です。これに関しては、第7章で説明します。

第1章　ポストパソコン型ソーシャルメディア・対話アプリの台頭

14　無料電話型対話アプリ・キプロスのバイバー

2010年12月、バイバーメディアが無料電話サービスとして開始したバイバーは、本社をキプロスに置きますが、イスラエルの会社とされています（なお、ソフトウエアの開発拠点はベラルーシにあります）。

無料のインターネット電話（なお、パソコン間ではビデオ電話が可能）や文字メッセージサービスとして世界中で注目されているサービスです。

2013年5月現在、利用者数は193か国に散らばり、登録参加者数は全部で2億人を超えています。各種のスマートフォンやパソコン上で利用できます。また、27の言語をサポートしています。

基本はプライベート型のサービスですが、普通の電話と同じ感覚での公開型の要素も同時に持ち合わせています。最大40人が参加

【図表17　誰とでも会話ができるバイバー】

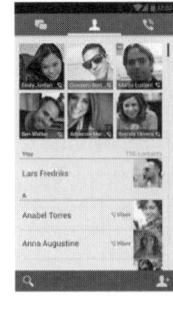

〈出所：グーグルプレイストア〉

できるグループチャットや誰とでも話ができるランダムチャット、またLINEと同じようにスタンプのサービスも実施しています。また、広告は全くありません。

15 動画型対話アプリ・ツイッターが買収したバイン

6秒動画アプリのバインは、2013年1月、ツイッターからサービスが開始され、人気となりました。しかし、元々は2012年6月に創設された企業バインのアイデアであり、バインは早くも10月にはツイッターに買収されたという経緯があります。

【図表18　6秒動画のバインのアプリ】

〈出所：グーグルプレイストア〉

ツイッターは、翌年1月にサービスを開始するにあたって、社名のバインをそのままサービス名としました。

バインは、登場時からジャーナリズムや映画、テレビ番組のプロモーションに使われ始めています。例えば、映画「ウルヴァリンSAMURAI」（映画Ｘ－メンの派生作品）は出たばかりのバインを早速、プロモーションに活用しました。

アップルのアイフォンやアイポッドタッチ（音楽端末）、アンドロイドやマイクロソフトのウインドウズフォンなどで活用できます。

それに対してツイッターも、インスタグラム上で15秒の動画型対話アプリのサービスを開始しています。

この背景には、手軽シフトがあります。室内で「テレビを見なが

第1章　ポストパソコン型ソーシャルメディア・対話アプリの台頭

ら」触り、外出先で「電車に乗りながら」触るスマートデバイスにとって、2分から3分といったユーチューブのようなパソコン動画ですらあまりに長く、悠長に感じられます。

　また、ツイッターは、将来、バインを独立のプラットフォームとしてサービスする、他のサービスと連動させることなども選択肢の1つに入れているようです。

16　アバター型対話アプリ・ポケットアバター

　2013年8月、インテルは「ポケットアバター・サービス」のベータ版（実験版）を発表し、米国と中国から参加者の募集を開始しました。

　ポケットアバターは、アイフォンやアイパッドなどアップルのIOS機器とグーグルのアンドロイドOS機器を対象にした、3Dアバターメッセージアプリと呼ばれるものです。

　このサービスは、カメラによりメッセージの送信者の顔の表情を読み取り、それをアバターと呼ばれる電子人形の表情として再現するものです。アバターには、漫画のキャラクターや映画テレビの俳優、スポーツ選手、音楽家や各種のマスコット、家庭のペットなども活用できます。

　第1弾のサービスでは、メッセージは電子メールやショートメッセージの形で送信されます。しかし、インテルは、3Dアバター同士のコミュニケーション（対話メッセージ交換）も計画しています。ちょうど日本でも人気のアメーバピグの3Dサービス版がスマートフォン上で開始されるイメージといったところでしょう。

　インテルのポケットアバターの試みは、まだテスト段階であり、今後の発表が期待されます。

アバター型対話アプリは、LINEも試みています。LINE PLAYは、参加者がアバターになって遊ぶ一種のゲームです。

さて、日本では、アメーバピグと呼ばれるパソコン上のアバターゲームがよく知られています。参加者がアバターというお人形の姿で画面に登場し、公園や町中、浜辺などで対話メッセージを交換する遊びです。洋服の着せ替えや部屋の模様替え、イベントに参加する楽しみ方もあります。テレビＣＭ効果もあって、現在の参加者数は1,500万人と見込まれています。

LINE PLAYは、アメーバピグのスマートフォン版と考えられます。

一方、ミクシィは、自分に似たキャラクターをアバターとして作成し、mixi上の友人同士でコミュニケーションを楽しめるスマートフォン向けサービス「mixiパーク」を2013年3月31日に終了しています。

アプリの操作性が悪いなど、最低評価の1つ星も100個以上あり、評価が大変低いサービスでした。こちらは明らかに失敗でした。

17　プライベート人数限定型対話アプリ・パス（Path）

既存のSNSの視点を持ちながら、家族や親友など人数限定の物理的な知合いを対象としたスマートフォン発の対話アプリに「パス」があり、日本でもよく知られています。

パスは、文字メッセージの他に写真や動画、また一緒にいる親しい人、現在の位置情報などを投稿できます。今聞いている音楽や「就寝中、起床中」などのステータスも投稿できます。

ステータスを就寝中にした場合、起床中に戻さない限り、対話メッセージの投稿ができないといった工夫が面白いです。使い勝手が非常によく、2013年3月には一対一のプライベート型文字エッセー

第1章　ポストパソコン型ソーシャルメディア・対話アプリの台頭

【図表19　フェースブックを基にした対話アプリのパス】

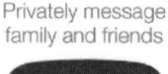

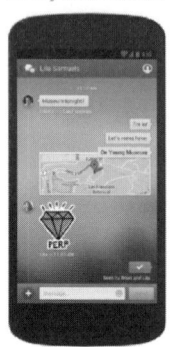

〈出所：グーグルプレイストア〉

ジの仕組み（個人間のメッセージサービス）を入れたため、米国で急速に成長しています。

　フェイスブックの「いいねボタン」に対抗するため、顔文字を活用して、笑った顔や怒った顔、驚いた顔などはハートのマークなどで受け手の気持ちを表す工夫も人気です。

　スマートフォン発のサービスであるため、先にスマートフォンに登録しない限りパソコンでは使えない仕組みになっています（これは対話アプリに共通した特長です）。

　パソコン発のSNSが、ネットの知合いなど「あまり親しくしたくない人との関係」も重視するのに対して、パスは物理的な世界で親しい人150人に限定したサービスとなっています。

　最近、心理学や人類学などでは、進化論の研究で有名なチャールズ・ダーウインの学説を採用した研究が注目されています。

　それに基づいて、オックスフォード大のロビン・ダンバー教授は、「社会脳仮説」（人の脳は狩猟・採集時代の150人程度の群れの中

での信頼関係づくりと騙しあいの結果、大きくなったという説）を提唱しました。

　群れの人数がこの150人を超えた結果、人類に言語が生まれたという学説です。

　確かに、現代の米国の軍隊や組織の人数の単位は150人程度で分割する例が多く見られるのも事実です。

　人数限定型対話アプリのパスは、言葉の要らない150人という群れの仲間の数を重視しており、友達の数を150人に限定しました。フェイスブック出身のパスの最高経営責任者デイブ・モリン氏さんは、最良の友達は5人程度、仲の良い友達は15人程度、近しい友達と家族を合わせても50人程度、知合いの家族を含めても精々150人が限界だといっています。

　このパスのように、米国のソーシャルメディアは、進化系の人類学、心理学、社会学の知見を多く取り入れています。

　最近、パスは、フェイスブック上で指摘されていた「個人は複数の顔（多様な顔）とそれに対応した別々のコミュニティを持つ」「フェイスブックは、それらの多様なコミュニティの知合いが混在することによる混乱や疲れを解決できていない」という課題を真剣に考えました。

　何故なら、投稿メッセージが150人の多様な知合いに一様に送信される場合、サッカーの仲間にも会社の話題を投稿するのは違和感があるなど、フェイスブックと同じ課題をパスも持っていることに気がついたからです。

　たとえ150人に仲間の数を限定しても、同級生と職場の仲間を横並びにして同じ投稿メッセージを送るのは、明らかに問題含みです。この問題を解決するため、パスは、グーグルが立ち上げたSNSであるグーグルプラスの「サークル」と呼ばれるアドレス帳の仕組

第 1 章　ポストパソコン型ソーシャルメディア・対話アプリの台頭

みを取り入れました。サークルとは、知合いを「同級生の群れ」「会社の群れ」「スポーツジムの知合い」といったように、上手く分類することができます。

　例えば、「会社の群れ」に分類されていたある女性が「恋人候補」や「恋人」となった場合、彼女を新たにつくった恋人用のサークルに移せば問題は解決します。

　その場合、相手の女性は、「会社の群れ」にも「恋人」にも属します。無論、彼女を「会社の群れ」から切り離して「恋人」だけに所属させることも可能です（これは有料のプレミアムサービスです）。

　また、パスもホワッツアップ同様に広告を嫌っており、対話アプリには広告は害になると考えています。しかし、サービスの収益化の問題を抱えているため、全く広告を載せないわけにはいかないという判断をしています。

　また、約 2,000 万人の登録参加者（2013 年 6 月現在）を獲得しています。

　米国第 3 位の通信キャリアであるスプリントは、サムスンのギャラクシーＳやＨＴＣワンなどスマートフォン 3 機種にパスのアプリをプレインストール（事前導入）して販売しています。

　ホワッツアップや日本発の LINE も、ノキアの発展途上国向けのスマートフォフォンであるアシャにアプリを事前導入していますが、パスも負けてはいません。

　ビジネスに関しては、広告を載せない代わりに、スタンプの販売やカメラで撮る写真のフィルター（装飾サービス）などを販売してきました。

　そして 2013 年 9 月には、月次単位支払 1.99 ドル、3 か月単位支払 4.99 ドル、12 か月単位支払 14.99 ドルの課金サービスを発表しています。

課金サービスを利用すれば、無制限のスタンプ利用や無制限の写真フィルタールター利用が可能であり、アイテムショップでの優先的なショッピングや広告なしのサービス（広告フリーネットワーク）が楽しめます。

　パスは、フェイスブックから参加者を吸い取ると判断されアクセスをブロックされたり、招待制度が行き過ぎたため、2012年初に個人情報保護の問題で米国公正取引委員会から80万ドルの罰金を受けるなど多少やり過ぎの面もありますが、非常に期待されているサービスの1つです。

18　車がしゃべる対話参加型・ウエーズ（Waze）

　ポストパソコン時代を迎えて、既存の大手企業による対話アプリの買収も目立っています。ウエーズは、イスラエルの自動車による交通状況の把握と道路のナビを対象とした公開型対話アプリの応用サービスです。ウエーズは、当初、イスラエルのテルアビブ市を対象にサービスを開始しましたが、間もなくサービスの中心を米国に移管しています。

　現在では、登録者数で全世界5,000万人のドライバーが参加しています。アップルのスマートフォンやアンドロイドフォンにアプリが提供されています。

　そして、アンドロイドフォンの場合、アプリの評価は星の数4.6個（最高は5つ星）と高く、非常に使いやすいと評判です。

　2013年6月、同社はグーグルにより買収され、早速、グーグルの得意なグーグル地図サービスに組み入れられました。

　ウエーズは、交通渋滞の状況を運転手の公開型対話メッセージによって把握し、空いている道路を素早く探したり、安いガソリンス

第 1 章　ポストパソコン型ソーシャルメディア・対話アプリの台頭

【図表 20　ドライバーも自動車もメッセージを発するウエーズ】

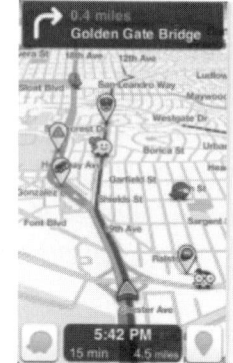

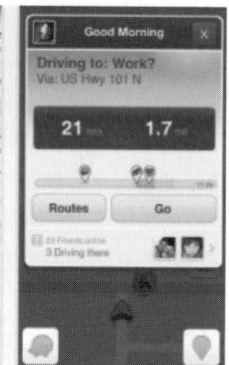

〈出所：グーグルプレイストア〉

タンドを探すためのサービスです。

　それにより運転時間とコストが節約されます。また、交通渋滞に悩まされない毎日の快適なドライブも可能となるというわけです。特にカリフォルニア州のロサンジェルスなどで目立つ朝の交通ラッシュは、カーマゲドン（キリスト教の迷信である、人類最後の日を意味するハルマゲドンをもじったもの）と呼ばれており、ウエーズによる解決が期待されています。

　それに道路を走っている車の GPS（人工衛星による位置測定）などからスマフォアプリを通じて自動発信されるスムースメッセージや、ドライバー自身による渋滞メッセージを組み合せてドライバーのコミュニティに提供しています。

　そして、地図の上に展開される市民自身による交通情報という視点が強調されています。各々のドライバーは、事故、警察のチェックや取締まり、渋滞、通行止め、危険などを車が発するＧＰＳ情報と仲間のドライバーの投稿から読み解きます。時刻付の事故の写真なども多数投稿されています。

そして、それぞれのドライバーには、ターンバイターンという「取るべき道路の詳細なナビ（推奨）」が提供されます。様々なメッセージを集めて機械学習（最近ではビッグデータと呼ばれている）により、推奨道路などを音声ガイダンスによるナビゲーションを行います。

　ドライバーが交通事故の写真や報告をすればポイントがもらえ、ランクが上がります。また、ドライバーコミュニティに参加したガソリンスタンドは、割引と引き換えにウエーズの地図上で紹介してもらえるという特典があります。

　ドライバーのメッセージは、対話アプルと同じ「噴出し方式」で表示されています。また、車は、擬人法によりドライバーの仲間として擬人化されて表現されているのも面白い点です。

　交通渋滞では、地図上の車のキャラクター（一種のアバター）が不機嫌になったり、スムースな交通状況では車が笑っていたりする点もユーモアと考えられます。

　また、数台の車仲間によるドライブの場合には、待合場所への集合状況や誰の車が遅れているか、どこを走っているかなどの状況が漫画で地図上に提示されます。仲間のアドレス帳は、ちゃっかりフェイスブックに登録されている仲間関係（ソーシャルグラフ）を借用している点も面白いです。

　米国地上波のABC放送の地表局（ABC 7放送）やＮＢＣ放送の地方局（NBC2）などは、朝晩のニュース番組の交通状況のお知らせの中にウエーズからの情報を使っています。

19　恋人専用の対話アプリ・カップル

　対話型のメッセージサービスには、本当に様々な種類があります。

第 1 章　ポストパソコン型ソーシャルメディア・対話アプリの台頭

　ここで紹介するのは、恋人専用の対話アプリである「カップル」(開発企業はテンスビット) です。

　2013 年 5 月現在、100 万人の登録参加者がいます。デートのためのカレンダーあり、次回のデートまでに「何をするかのリスト」「2 人で行く旅行の計画」「誕生日や記念日、クリスマスに贈って欲しい贈り物リスト (ウイッシュリスト)」などの特別な仕組みも付いています。

　さて、カップルも、2013 年 8 月から LINE と同じような有料スタンプを採用しています。女性が縫いぐるみを抱っこするなど、恋人同士の愛情あふれるほほえましいスタンプが面白いです。片方がスタンプを購入するともう片方も同じスタンプが必要となるため、スタンプを購入すれば恋人にもコピーをプレゼントできるという配慮が心憎いです。

　面白いのは、恋人と別れた後のスタンプの使い方です。新しい恋人ができるとその相手にコピーをプレゼントできるそうです。サービスを維持するための涙ぐましい工夫がなされています。

20　企業が活用する対話アプリ・タイガーテキスト

　2010 年 10 月、タイガーテキストが 15 日など一定期間後に消えるメッセージアプリをアイフォン上で開始したときには、「不倫や浮気用のアプリ」と看做されたようです (250 個までのメッセージを月額 1.5 ドルで販売)。

　しかし、2012 年春頃から、タイガーテキストは、国による規制の厳しい病院の企業内メッセージサービスにビジネスを絞り込んで成功しています。その結果、セキュリティの対策が素晴らしい、また誤送信したメッセージを後付けで受け手側も送り側も同時に消去

する対応が可能なため、大評判となりました（スナップチャットと類似の消去機能。なお、対話アプリの米国 Pinger も同機能を持つ）。

2013年9月現在、米国では約2,000の病院が電子メールやショートメッセージの代わりに活用しています。また、日本のソフトバンクが買収した米国の通信キャリアであるスプリントからも、タイガーテキストのアプリは病院向けに販売されています（デバイスあたり月額 10.65 ドル）。

スプリントのサービスを使っている病院に採用されれば、集金はスプリントに委託できます。

米国でも多くの識者が述べていますが、筆者は、将来、病院だけではなく、一般企業の使う電子メールはタイガーテキストのような対話アプリに置き換えられると考えています。

21 友達の友達型からじゃれあい型への変化

では、スマートフォンやタブレットなど「ポストパソコン時代」のソーシャルメディアは、パソコン時代に盛んだった SNS と何が異なるのでしょうか。それは、背景にある理論が大きく異なる点でしょう。

パソコン時代の SNS の特長は、「6次の隔たり」と呼ばれる米国の社会学者スタンレー・ミルグラム教授の理論を背景としてつくられていました。わかりやすくいえば、昔の演歌歌手水前寺清子さんの歌にあるように「友達の友達は皆友達だ」というわけです。

この友達の絆を辿れば、米国内では6人（実験結果では5.5人）の友達の「つて」を頼ることにより、どんな相手にも頼みごとの手紙を渡すことができることが社会実験で判明しています。

実際の SNS 上では「4次の隔たり」までしか表現できませんが、この理論に基づいてフェイスブック上では様々なマーケティングが

第1章　ポストパソコン型ソーシャルメディア・対話アプリの台頭

試みられました。

例えば、スターバックスのキャンペーンに参加した生活者が「スターバックスと友達になったよというメッセージ」を投稿すれば、その人の知合い全員のニュースフィード上にメッセージが載せられます。

そして、知合いが面白いと思ってスターバックスのキャンペーンに登録すれば、同様にその人の知合いにメッセージが伝えられるという具合です。

こうしてイモずる式にスターバックスのキャンペーンへの参加者が増えるという理屈です。この手法では、ネットの知合いが多い生活者を獲得するほどキャンペーン参加者が増え、成功する確率が高くなります。

一方、ポストパソコン時代の対話アプリの特長は、ミルグラム教授の社会学実験ではなく、進化心理学や進化系の人類学のコンセプトを重視しているという点でしょう。

ポストパソコン時代に突入する前頃までには、SNSの基礎的な仕組みができた20世紀直前に比べて、理論も約10年余りの間に急速に進化しています。特にプライベート型の対話アプリの場合には、狩猟・採集時代の群れの数など物理的な人間関係を重視しています。

日本でも、ネッツとの出会いを重視するSNSのミクシィが流行る前には、「ポケベル世代」など高校生や中学生の間に見られる物理的な仲間のじゃれあいがよく話題になりました。

筆者は、LINEやホワッツアップなどの感覚は若者のたまり場やじゃれあい感覚に近いと思っています。「どうしてる」とか「何してる」といった感覚でのミクシィ以前のポケベルやケータイ時代の繋がりです（このあたりの分析は、正高信男著「ケータイを持ったサル」中公新書が参考になります）。

第 2 章

新しい個人コンピューティングの形と
ソーシャルメディア

第2章　新しい個人コンピューティングの形とソーシャルメディア

1　オタク文化の終焉

　ポストパソコン時代には、新しいライフスタイルが登場します。
　スマートフォンもタブレットも、またウエアラブルと呼ばれているスマートウオッチやスマートメガネなどは、すべて生活者により主に外出先で頻繁に使われます。
　スマートカーなども同様ですし、スマートテレビやスマート家電なども今後自宅の外から操作する場面が増えて行きます。
　その結果、以前のパソコン時代に指摘されていた引きこもりによる「オタク的な使い方」は少なくなると考えられます。昔ソーシャルメデイアは、パソコンと共に引きこもりの「オタク」文化を醸成するという指摘があり、マスコミにも盛んに取り上げられました。
　しかし、パソコン「オタク」は、既に過去の話になろうとしています。これは大きなライフスタイル変化です。

2　リアルタイム会話中心

　スマートフォンなどでの対話では、お互いの間でリアルタイムで高速にメッセージが交換されます。これは、実際経験されるとわかりますが、仲間との間で驚くべき早さで対話が飛び交います。
　一方、パソコン時代には、時差のある会話（非同期コミュニケーション）が主体でした。スマートフォンでは、同じ生活者の行動とは思えないほど、高速な指の動きによる会話のスピードが速く、時差のある会話を楽しむパソコンとは全く違います。
　パソコン時代は、書き込みをして翌日見れば返事が返ってくるといったイメージでしたが、モバイルデバイス上の会話は、5分以内

に帰ってくるのが当たり前であり、スピード感が全く違います。国内でもスマートフォン以前の段階でこれは指摘されていました。

3　ながら利用と退屈時間のイベント化

　更に面白いのは、スマートデバイスにおける対話は、テレビ視聴の場合にも、電車の中や行列の場面などすべての場面で「何かをし……ながら」という形をとっている点でしょう。

　その結果、ありとあらゆる生活の場面がながら対話の対象となり、ツイッターを含む対話アプリでイベント化されるという点です。

　生活者にとってつまらない通勤時間や行列に並んでいる時間、飛行機の中で過ごす時間などがイベント化され、楽しい時間に変わり始めています。

　また、テレビ視聴などの娯楽も大きく変わり始めています。日本テレビの金曜映画劇場「天空のラピュータ」におけるバルス祭り（映画を見ながら参加者が一斉に「バルス、バルス」とツイッターで呪文を投稿するお祭り）のように、テレビドラマや映画の視聴もすべてイベント化される傾向があります。

　また、楽しいイベントが更に楽しく盛り上がる現象が現れ始めています。サッカー場や花火、野球場でのイベント感動も対話アプリで仲間に感動を伝えると更にイベント性が強まります。これが新しいスマートデバイス上のソーシャルメディア＝対話型サービスの大きな特長です。

　元々「ながら…」というのは、テレビ視聴時のライフスタイルでした。お母さんが料理をしながらテレビの朝ドラやニュースを見るなどが基本だったわけです。

　それが、ポストパソコン時代にスマートフォンなどが登場し、そ

【図表21 オタク型利用からながら利用へ】

**パソコン時代の
オタク型利用**

ポストパソコン時代は・・ながら利用へ

れと連動したソーシャルメディアの変化の中で、自宅の内外に広がり始めました。

4 自分探しと愉快利用

ポストパソコン時代には、日本でも転職やシングルマザーに代表される離婚再婚が当たり前になっています。

その結果、若者を中心にスマート機器の活用方法は「仲間に受け入れてほしい」「認めてほしい」という人間関係の欲求が非常に強くなるとともに、色々な場面で自分を自分らしく表現して楽しく過ごしたいという「自己表現欲求」や「楽しさ欲求」強くなっています。

その結果、退屈時間のイベント化に代表されるように、色々な場面でのネットを経由した仲間との愉快利用が大きな特長となり始めています。

5 ネットと店舗、仮想と現実の重なり合い

脱オタク文化とながら対話がもたらすものに、仮想と現実の重な

り合いがあります。昔ネット通販といえば、自宅のパソコンで楽天などに商品を注文し、自宅に届けてもらうというスタイルが基本でした。

　当時、紙のカタログを配布していた京都の通販会社「ニッセン」は、「店で品見て家で買う」といった面白いテレビＣＭを流していました。

　これは、現代ではショールーミングといわれる現象です。お店がネット通販のためのショールームになっていると考えられるわけです。

　ショールーミングは、現実とネットの重なり合いの第一歩を考えられます。

　米国では、ショールーミングが進む中で注文をネットで行って商品のピックアップは実際の店舗で行うサービスも盛んになり始めています。

　アップルなどがアップルストアで実施している新しいネットショッピングや米国ウオルマートの店舗などでは、店舗の注文と決済はインターネットショッピングで行われます。そうなれば買物顧客は、レジに並ばなくて済みます。

　この方式は、既に量販店のウオルマートなども採用しており、非常に一般的になり始めています。

　ソーシャルメディアの場合、実際のレストラン店舗などで「ここのお店何が美味しいの」と質問すると、ツイッターで直ぐに答え返ってくるといった魔法のような使い方が報告されていました。

　今後は、対話アプリも含めて、店舗内でもネットで対話しながらショッピングを行う例が増えると考えられます。ローソンなどにおけるLINEの割引券の成功事例も有名です。（これは第7章で説明します）

第 2 章　新しい個人コンピューティングの形とソーシャルメディア

　既に交通トラフィックの対話アプリ・ウエーズのところで説明しましたが、自動車やスマートフォンが対話メッセージを発するというのは、擬人法であり一種の仮想の表現だと考えられます。昔物語には、ゼベット爺さんがつくった「木の人形」が動き出す有名な「ピノキオ」がありました。

　その現代版がスティーブン・スピルバーグ監督の映画「ＡＩ（エーアイ）」です。

　また、ディズニーの漫画には、イスや机が喋り始める仮想の要素が一杯出て来ます。対話アプリ・ウエーズなどを見ていますと、現実と仮想が重なった「ピノキオ」や映画「ＡＩ（エーアイ）」のワンシーンを見ているような気がしてなりません。

6　単純シフト

　スマートフォンなどスマートデバイス用のアプリは、兎に角、単純な操作、単純な仕組みでなれれば受け入れられません。これから述べますが、パソコン時代の大きな画面に対応した少しでも複雑な仕組みのサービスは、見事に滅びてしまいます。

7　お手軽シフト（カジュアルシフト）

　これもながら対話から派生した現象ですが、スマートデバイスの対話はSNS時代の文字中心ではなく、受け手と送り手の気持ちを表すスタンプや写真、短い動画などが主体となっています。

　それに一言説明の文字を加えるといったお作法です。

　こうして見れば、ツイッターの140文字すら長過ぎると感じられ始めています。

8 消えゆくソーシャルメディア文学

　パソコンとブラウザー時代のミクシィ日記に代表される「大量に文字を投稿するSNSの時代」は終わりました。

　しかし、このお陰で「59番目のプロポーズ」（ミクシイから生まれた書籍）や「今週妻が浮気します」（OKWAVEから生まれた書籍）といったようなインターネット文学は最早、誕生しなくなるかもしれません。

　「59番目のプロポーズ」は、筆者も初期の日記の頃から知っていますが、キャリアウーマンの「アルテイシア」（アルテイシアはネットで使う一種のニックネーム）さんが59人目の男性と結婚するに到ったというミクシイ日記上で登場した物語です。2005年に美術出版社から書籍として出版されました。

【図表22　ミクシィ文字の代表「59番目のプロポーズ」】

〈出所：アマゾン〉

　しかし、日記や文字中心のSNS時代が終焉し、スタンプや写真、動画といった簡易表現が中心の時代が始まれば、一世を風靡したミクシイ文学の時代も終わります。これはちょっと悲しいですね。

　2004年当時のミクシィは、ブログなどとともにパソコン・ネット世代の新しい文学という積極的な評価もありました。

　ちょうど明治の文豪である短歌の文体を生み出した正岡子規や、

猫に語らせるという小説技法を編み出した夏目漱石などが生み出した、日本文学の新たな展開に相当するという見方もありました。

この流れは、電子書籍での新たな展開に吸収される方向です（電子書籍ではイーシングルなどの 50 ページ 100 円程度の素人書籍が注目されています）。

9　時系列での複数スマート機器の活用

既に日本でも一部の人々の間で通勤中にはタブレットやスマートフォンで電子新聞を読み、オフィスでは続きをパソコンで読むように時系列的にその場に合ったスマート機器を使ってメディア視聴を楽しむライフスタイルが普及を始めています。

インターネットテレビを楽しむ場合にも通勤途中はタブレットで映画を見て、自宅ではスマートテレビで続きを見ると言ったライフスタイルが米国では流行り始めています。

こうして様々な時と場所に応じて様々な機器を活用してニュースなどで取り上げられた同じテーマを追いかけたり、電子書籍、映画やドラマ、音楽を聴くライフスタイルが始まっています。

そうして、それぞれのコンテンツの周りに公開型、非公開型の対話が成立し始めています。特に公開型では、ツイッターなどがソーシャル読書、ソーシャルテレビ、ソーシャル音楽として注目されています。

10　セルフサービス文化の浸透

仮想と現実の重なり合いが進む中で特長的なのは、セルフサービス化の進展です。

既にウオルマートやアップルストアの例で述べたように、物理的店舗でのショッピングでは注文や購買をネット決済とほとんど同じやり方で行う事例が増え始めています。

　これは、一種のセルフサービス化です。

　昔、ATM（現金自動支払機）が銀行に導入された際、預金の預入れ、引出し、振込みなどの仕事は、すべからくセルフサービスになりました。

　ポストパソコン時代を迎えて、同じことが物理店舗で起こり始めています。そうなれば店舗の店員の数は減少し、販売ではなくアドバイスなどが中心となります。

　ドイツのルフトハンザ航空では、チェックイン、機内食の注文や免税品の注文がすべてスマートフォンやアイパッド（アップルのタブレット）からのセルフサービスになっています。

　また、機内での映画視聴に関しては、乗客が持ち込んだアイパッドなど（BYODといいます）からセルフサービス視聴を行うと同時に乗客が視聴パーティを組み、どの映画が面白かったか、つまらなかったかなどの感想を機内限定公開型の対話メッセージで述べ合っています。

　到着地が近づくと「どの遺跡が面白い」とか「どのレストランが美味しい」、果ては「タクシーの相乗り」などの乗客同士の教え合いが始まります。

　なお、機内で見逃した映画は、アイパッドを使ってホテルでゆっくり視聴することができます。

11　モノからサービスへ

　ポストパソコン時代が始まって大きな価値観の変化が起こり始め

第2章　新しい個人コンピューティングの形とソーシャルメディア

ています。それが「モノ支配論理」から「サービス支配論理」への価値感のシフトです。

わかりやすくいえば、日本メーカーが得意なハードウエアとしての「モノ＝機器」の価値ではなく、アップル等が得意なネットワークとソフトウエアのつくり出す「サービスの価値」、それに伴う経験価値が重要というわけです。

そして、「自己表現」を重視する自律した生活者像（生産消費者とかプロシューマー）が次第に増え始めています。

秋の夕方に彼女と鎌倉を散策するとき、2人でまずお揃いの服装（帽子や靴、セーターやデニムパンツなど）をコーデし、アップルのアイフォンとヘッドセットでそれに見合った雰囲気の音楽をネットで選んで楽しむような生活スタイルを自ら工夫する生活者の時代が来ました。

その結果、いくらハードウエアの性能が優れていても機器が売れないという面白い現象が起こり始めました。例えば、アマゾンのタブレットであるキンドルファイアーは、流通業が作った「プライベートブランド製品」です。機器の性能という面からは、ソニーや韓国のサムスン電子のタブレットが負けるはずがありません。しかも、キンドルファイアーは、ソニーやサムスンと同じアンドロイドをOSに活用しています。

しかし、米国の消費者は電子書籍の充実度合などアマゾンのサービスを高く評価しました。そして、一時、キンドルファイアーは、アンドロイド・タブレットの中で最も売れる製品にランクされました。

サービス支配論理によるソフトウエアやネットワークモノづくりが最も得意なのが、米国のアップルです。その原型をつくり出したのは、アイチューンズ・ストアからの音楽のインターネット販売と音楽端末のアイポッドの販売であったといわれています。

第 3 章

衰退を始めた SNS の現状

第3章　衰退を始めたSNSの現状

1　衰退を始めたミクシィの現状

　2013年5月15日、ミクシィは突然、社長の交代を発表し、世間が驚きました。創業者であり、最大株主の笠原健治社長が会長に退き、新社長に弱冠30歳の朝倉祐介執行役員が就任しました。

　しかし、その後の2013年4月―6月期（第1四半期）の決算発表では、営業損益の時点からの赤字（営業損失8億4,000万円）が発表されました。ミクシィの赤字は上場以来、初めてです。

　頼みの広告売上が減少し、同時にゲームなどの課金売上も減少しています（課金売上は、現在、14億400万円と落ち込んでおり、ピークは2012年第1四半期の18億5,700万円）。

　最も注目すべきは、スマートフォンからの参加者数が減少している点でしょう。ミクシィのスマートフォン参加者のピークは、2012年10月に記録した1,139万人でした。そして2013年6月には795万人まで減少しました。

　これは、明らかに「ポストパソコン時代」への対応が後手に回り、衰退を始めたといえると思います。

　では、勝ち組は一体、誰でしょうか。既に明らかなのですが、LINEの急激な伸びは明らかにミクシィに影響していると考えられます。ミクシィの参加者数の減少に関しては、フェイスブックの影響も多少あるかもしれませんが、LINEほどではないと思われます。

　それに対してミクシィは、ミクシィのサービスをスマートフォンなどに活用した様々な新規サービス（フォトブックサービス「nohana」など）を考案しており、全力で取り組んでいますが、前途は厳しいようです。

　ミクシィの新規サービスのいくつかは成功し、今後利益をもたら

すかもしれません。そしてミクシィ自体も会社としては生き残るかもしれません。

しかし、SNS としての現在のミクシィサービスは、次第に衰退し、いずれは過去のサービスとして跡形もなく消え去る可能性も高いと考えられます（大分県の掲示板サービス、COARA(コアラ)のようにかつて全国から注目された優良サービスが、現在、細々と残っている例もありますから一概にいえませんが）。

ミクシィショックは、収まる気配はありません。10月1日、ミクシィは 2014 年 3 月期が営業赤字に転落し、無配となる見通しと発表しました。今回は通期営業赤字の発表です。

ミクシィの報道が契機となって、パソコンの縮退版のサービスといわれていたガラケー（従来型携帯電話）中心のサービス企業にも目が向き始めています。例えば、ミクシィと同じ 2004 年初めに逸早く国内で SNS を開始したグリーは、ガラケー時代、売上でも利益でもミクシィを超えていました。

しかし、射幸心を煽るコンプガチャ騒動以来、グリーは没落を始めています。コンプガチャ騒動とは、2012 年のゴールデンウィークの最中である 5 月 5 日、消費者庁がソーシャルゲームのコンプリートガチャが景品表示法違反であるとした事件です。

その結果、ソーシャルゲーム関連会社の株が軒並み下落しました。これが「コンプガチャショック」です。

問題は、コンプガチャ騒動の後ろで、ミクシィと同様にガラケーからスマートフォンへの移行が確実に進んでいた点でしょう。その波に乗り遅れたグリーは、海外のオフィスをあらかた閉鎖し、大阪のオフィスの閉鎖と 200 人の国内社員リストラを発表しています。

日経新聞の記事は、「グリーの 3 年天下」という追い打ちの記事まで書きました。ライバルの DeNA は、3 四半期連続の減益が伝え

第3章　衰退を始めたSNSの現状

られています。

電車の中で都内の若い女性のスマートフォンの使い方を見ていればわかりますが、大抵の場合、まずスマートフォンゲームのパズドラ（パズル＆ドラゴンズ）に触って、急にLINEの画面に切り替えて高速で指を動かし、それからフェイスブックに行って画面をただ眺めて、またパズドラやLINEに行って高速に指を動かしています。

そこには、最早、ミクシィ、グリー、DeNAの姿はほとんど見かけません。

2　フェイスブックで始まった若者離れ

日本のミクシィの場合、四半期決算発表の数字を見れば、明確に衰退のトレンドを読み取ることができます。

一方、グローバルな月次の実参加者数が11億5,000万人を誇るフェイスブックの場合はどうでしょうか。

フェイスブックをいつもウオッチしているインターネットサイトに「インサイドフェイスブック」があります。

最初にフェイスブックへの月次実参加者数の減少をレポートしたのは、このインサイドフェイスブックでした。それは、スマートフォンが本格的に米国で普及期を迎えていた2011年6月でした。

その報告によれば、米国では5月の1か月間に実参加者数が1億5,220万人から約540万人減少し、1億4,940人になったとされています。

また、カナダでは、約150万人減って1,660万人になったとされています。また英国、ノルエー、ロシアはそれぞれ10万人以上の減少が報告されています。

同じ時期にフェイスブックは、同年5月には全体で1,180万人の参加者を増やして総月次実参加者数が7億人に近づいていた時期

でした。

　通常、毎月約 2,000 万人ずつ増加していたフェイスブックの拡大にこのレポートは水を差し、世界中に衝撃を与えました。

　それ以来、フェイスブックでは、未普及の発展途上国などでは大きく成長を続けている一方、普及後数年を経ている欧米先進国では若者を中心にフェイスブック離れが続いているという根強い見方が続いています。

　次に、フェイスブック参加者の先進国における減少や停滞が大きな話題になったのは、2013 年の米国ナスダック市場への上場時点でした。このとき米国証券取引委員会（SEC）にフェイスブックが自ら提出した資料のリスクの欄に「若者離れの懸念がある」と述べた点でした。

　また、フェイスブックは、その後「若者離れの移行先」と考えていた公開型写真対話アプリのインスタグラムを 10 億ドル（約 1,000 億円）で買収しています。

　当時インスタグラムは、誕生からわずか 2 年であり、売上は全くない会社でした。その会社に 10 億ドルもの大枚を払ったのですから、世間の驚きとともにフェイスブックの危機感は大きなものであることが明らかとなりました。

　その後フェイスブックの幹部は、様々なカンファレンスでフェイスブックからの若者離れを認めたり否定したりしています。

　一方、フェイスブックが四半期ごとに発表する報告では、発展途上国だけではなく先進国、各国とも一貫して月次実参加者数が増加しています。

　しかし、第三者が作成するレポートには、多様な数字が発表されています。例えば、グローバル・マーケティング調査のアウンコンサルティングなどはフェイスブックの広告対象参加者数を基に 2013

第 3 章　衰退を始めた SNS の現状

年 1 月時点でのフェイスブック参加者の減少報告を出しています。

　それによれば、2012 年 9 月時点と比較して調査対象の 40 か国中 13 か国で月次利用者数の減少が報告されています。英国の 25.3％減少、韓国の 12.02％減少、日本は 3 番目の 10.97％減少、少ない米国でも 2.11％の減少となっています。

　同社の 5 月末時点での報告（報告は 6 月）においても、15 か国（日本、韓国、中国、シンガポール、サウジアラビア、豪州、米国、ロシア、英国、ドイツ、スペイン、オーストリア、スイス、デンマーク、スウェーデン）で利用者数が減少とされ、同様のトレンドを示していました。

　また、2013 年 8 月に発表された調査会社のコムスコアの報告では、逆にフェイスブックに有利な数字を示しています。

　コムスコアの発表は、フェイスブックのパソコン利用時間がどんどん下がる一方、スマートフォンでの利用が増えているといった内容です。

　コムスコアによれば、米国では 1 人あたりのパソコン上でのフェイスブック利用時間が月間で 439 分（2012 年 7 月）から 351 分（2013 年 7 月）に下がる一方、スマートフォンでの利用は 508 分（2012 年 7 月）から 914 分（2013 年 7 月）に跳ね上がっています。

　インターネットの利用時間のシェアに関して、フェイスブックは 2012 年には全体で 15.8％となっています。一方、インスタグラムやツイッター、ホワッツアップの合計は 2.3％となっています（この割合は少し低すぎる気もしますが）。

　その結果、上場以来低迷していたフェイスブックの株価は、投資家の安心感から初めて上場時点を上回る 40 ドル超えを達成しています。

3 フェイスブック最高決算での危機感の吐露

株価が上がった背景には、好決算があります。

2013年4月－6月期のフェイスブック四半期決算は、駄目かと心配されていたスマートフォンの広告が急成長し、全体広告売上の41%を占めるという予想以上の大盛況となりました。

それまでフェイスブックは、スマートフォンなどのスマートデバイスに対応できない駄目会社、上場は失敗といったトーンに覆われていました。それが一挙にひっくり返ったのです。

しかし、同じ四半期決算の説明会で5月に30歳を迎えた最高経営責任者のマーク・ザッカーバーグさんは、「フェイスブックから若者が離れているという指摘が各方面から多数出ている。でも、それは間違いです」と繰り返しました。

実は、これこそがフェイスブックの本当の心配事だったのです。このことが逆に一部の識者の眼には、「フェイスブックは若者離れを本気で心配している」と映りました。

4 フェイスブックは国内でも参加者数減少（第三者調査）

国内でも、フェイスブック参加者数の減少トレンドは、第三者から報告されています。2013年9月のアウンコンサルティング報告では、日本は5月時点でのフェイスブックの普及率が10.8%とされ、実参加者数1,382万人となっています。アジアでは、ベトナムなどが伸びています。

また、セレージャテクロジーの調査は、アジア24か国・地域のフェイスブックの実参加者数を調査しています。

第3章　衰退を始めた SNS の現状

　日本は、2013年1月、2月と2か月連続前月比での減少を記録していましたが、3月には微増となっており、参加者数はアウンコンサルティング報告とほぼ同じ約1,353万人となっています。

　セレージャテクロジーの調査では、その後微増を繰り返し2013年6月には1,400万人、人口比での参加率は約11.1%となっています。アウンコンサルティングなどの調査は、フェイスブックの広告ツールを活用して実施されています。

　しかし、「若者離れ」を心配するフェイスブックは、2013年7月頃、若者離れの代名詞となっている広告ツールの集計法を明らかに変更したと見られており（セレージャテクロジーの指摘）、このツールはあまり役に立たなくなりました（その結果、2013年7月セレージャテクロジーの調査では国内参加者数が信じられないことに一挙に2,000万人に迫る1,960万人、前月比40%の増加となりました）。

　株式指標で有名なダウジョーンズ系ブログ紙、allthingsD 主催の会議において恒例のインターネットのトレンドアナリストで有名なKPCBのメアリー・ミーカーさんも、2012年にはフェイスブックの米国実参加者数の減少を指摘しています。

　また、調査会社のニールセンも、「2012年、フェイスブックの米国参加者数は前年比で約1,000万人減少した（ただし、パソコン対象調査）」と述べています。

　2013年5月時点で普及率が50%を超えている米国では、フェイスブックは既に飽和したため、飽きられるのは当然、という見方も広がっています。フェイスブックの成功こそが、若者離れの原因という見方です。

5　暗い前途を暗示するソーシャルゲーム・ジンガの没落

　フェイスブック衰退論が台頭した要因の1つにソーシャルゲーム

のトップ企業「ジンガ」の没落が挙げられます。

　ソーシャルゲームというのは、フェイスブックなどSNSの参加者が競い合ったり協力しあう簡易ゲームです。一度のプレイが10分くらいで楽しめるため、若者から流行り、やがては老若男女に幅広く普及しました。

　ジンガは、2007年、フェイスブックがプラットフォフォームを解放し、「第三者がフェイスブックの上に自由なWebアプリ（パソコンとブラウザー上のアプリ）を開発して稼いでよい」という自由化政策（オープンプラットフォーム）を最大限活用して成長しました。

　ベンチャーキャピタルから数百万ドルの資金を集め、「マフィアウオーズ」や畑に種をまき、牛を育てる「ファームビレ」などが毎月1億人を超える参加者を集めました。そして仮想の牛や畑で育てる仮想の花などを1個100円—500円程度で販売しました。

　これは、後に微小取引（マイクロ取引）と呼ばれ、有名な米国の経営紙「ビジネスウイーク」は、アプリ経済と絶賛しました。ミクシィで有名になったソーシャルゲームのサンシャイン牧場は、「ファームビレ」などを参考にしています。

　ジンガは、一時期、「フェイスブックが稼ぐ売上の2割弱はジンガから来ている」といわれた企業です。そのため、一時フェイスブックと運命共同体のような関係にありました。

　ジンガが牛や種、マフィアの衣装などを参加者に販売し（マイクロ取引）、それで稼いだ利益の約2割を「参加者を集めるための広告」に使い、多額の広告売上をフェイスブックに落としました。

　それを見た一般企業がすぐ真似をし、多くの一般参加者に「いいねボタン」を押して、自社のページの参加者になってもらおうと多額の広告を打ち始め、現在のフェイスブックの広告中心のビジネス

第3章　衰退を始めた SNS の現状

モデルの原型が出来上がりました。

　しかし、ポストパソコン時代が進み、スマートフォンやタブレットが浸透するとパソコンとブラウザーと SNS（フェイスブックやミクシィなど）が結び付いたソーシャルゲームではなく、フィンランドのロビオが開発したスマートフォン上のアプリ・ゲーム「アングリバード」などが若者の間で大流行し、その結果、パソコンと SNS 上のソーシャルゲームは参加者数が減少し、廃れ始めました。

　ジンガは、2012 年秋に上場後（上場時の株価は 12 ドル）は「鳴かず飛ばず」であり、株価も 2 ドル程度に低迷し、幹部の流出も止まらず、2013 年 7 月最高経営責任者が遂に交代しました（マイクロソフトのゲーム機 XBOX のトップが移籍し、就任しました）。

　ジンガは、スマートフォンのマーケットで素晴らしいゲームをつくり、結構、検討しています。

　しかし、アップルやグーグルに売上の 3 割を上納する仕組みのスマートフォンゲームの世界では、ビジネス構造が全く違います。そして急速に減少する売上の前になす術がなかったようです。

　このトレンドは、日本でも同様です。ソーシャルゲームのグリーも、同じ四半期決算で上場後初の赤字を計上しています。DeNA は、3 四半期連続の減益でした。そのマイナス・トレンドは、ミクシィにも影響しています。

　一時、ウオール街の投資家筋は、ジンガの没落を見て、フェイスブックも同じ運命を辿るのではないかと非常に心配していました。

6　馬鹿な行動が表現できない既存 SNS は衰退へ

　まず、この点に関しては、既に序章でピューリサーチの調査結果に基づいて米国の若者の不満を説明しました。

一方、日本でも2013年の夏には、小売店や外食店での悪ふざけ投稿写真をアルバイト社員や来店客が投稿し、インターネットで炎上する事例が相次いでいます。
　例えば、ミニストップのアイスクリーム用冷蔵庫にお客の高校生が3人入った写真をツイッターに投稿した件での炎上があり、餃子の王将ではお客が全裸で店内にいる写真をフェイスブックに投稿し炎上しています。また、ローソンでは、アルバイトがアイスクリームのケースに入った写真をフェイスブックに投稿しています。
　2006年には、ミクシィ上でもハンバーガーチェーン店のアルバイトが作成したと思われるコミュニティで「迷惑な客」というお客様を馬鹿にした投稿が行われ、炎上しました。
　それに対して企業側の対応は、刑事事件として告訴するケースや問題の投稿をしたアルバイトに対して損害賠償を請求する事例が経済紙上などで報告されています。
　また、有識者のコメントを見ても「制裁の怖さ講座」の受講徹底などコンプライアンスと呼ばれる制裁の強化や制裁教育の強化を主張するものが圧倒的多数です。「こんなメッセージを投稿すれば将来の結婚や就職に響く」と若者を脅かすのが最も効果的だというわけです。
　確かに、頭から馬鹿な行為を押さえる制裁も一時的には一定の効果を上げるでしょうが、自分探しをする中で馬鹿をやりたい若者の欲求を押さえることはできません。また、制裁の動きが強まれば、既存のSNSは再度、社会からバッシングを受け、若者が離れていきます。
　若者にとってまだまだ仲間中心のやり取りができるプライベートな場所といった感覚が残るフェイスブックやミクシィでしたが、馬鹿な投稿をした結果、そういった安心できる場所でないことがわ

かったというわけです。

　フェイスブックやミクシィなどの既存 SNS は、プライベートな活用法と公開型の活用法とが混在し、非常に中途半端です。ツイッターの場合には、元々公開型の情報ネットワークと銘打っているため、それを理解した上での投稿ですから、使用法は明確であり、制裁は仕方ないかもしれません。

　企業の管理体制や若者の逸脱行動などお店のアイスクリームのケースに入る行為自体の持つ問題点は別としても、米国のスナップチャットなどが日本でも普及していれば、「馬鹿な行為」の写真は自動消滅するサービスで処理することができるため、若者は満足し、企業も訴訟を起こすこともないかもしれません。

　筆者は、既存の SNS で悪ふざけ投稿事件が起これば起こるほど、私的な投稿に関しては国内でもフェイスブックやミクシィは使われなくなり、LINE のようなプライベートな対話アプリにシフトすると考えています。

　そして責任を持った大人の投稿はツイッター、馬鹿をやりたい投稿は仲間だけの LINE などの賢い、洗練された使い方の組合せに移行するのが自然ではないでしょうか。

7　ミクシィ、フェイスブックの疲れの秘密

　昔、国内でも、「ミクシィ疲れの秘密」という現象が流行り、マスメディアに持て囃されたことがあります。言い出しっぺは 2006 年頃書いた筆者のブログですが、当時はまだ珍しかったインターネット心理学の話題なので各方面から取り上げていただきました。簡単にミクシィ疲れを説明すれば、以下のようになります。

　ミクシィで友達申請をして友達になっても、それは飽くまで「ネッ

トの友達」であり、決してお互いをよく知っている「本物の友達関係」ではありません。

しかし、会社や学校、家庭で「自分は受け入れられていない、認めてもらっていない」と感じる人ほど「皆に受け入れてほしい、認めて欲しい」という強い欲求があります。そして、皆に認められた証拠として、ミクシィの自分の日記にコメントを欲しがる傾向や、俄か友達を多数つくる傾向が自然に芽生えました。

そこで、ネット上で知り合った俄か友達の日記を訪問し、面白くもない日記に無理して前向きのコメントを残すなどし、最後に疲れてミクシィを辞めてしまうという現象でした。

昨今、同じような指摘がフェイスブックでもなされ始めています。この傾向は、「いいね」ボタンが導入された 2010 年頃から「フェイスブック疲れ」として米国で指摘され始めました。フェイスブックで知り合った俄か友達に「いいね」と言って認めてもらいたいばかりに多くの俄か友達を増やしている間に疲れてしまう現象です。

さて、フェイスブックは元来、ハーバード大学のキャンパス内の学生による自主的な名簿づくり、交流手段づくりとして立ち上がったという経緯があります。そのため、当初は目の前のキャンパスや会社、家庭を背景としながら物理的な知合い、現実世界の知合いを中心にプライベートな社交を行う傾向がありました。

さて、人は、現実の世界で様々な顔を持っています。例えば、会社では課長の顔、家庭では父親の顔、土日はサッカーのコーチの顔などです。そして、会社や家庭、サッカークラブでは同じ人がそれぞれ別のコミュニティに属しています。当然、高校や大学の気心の知れた同窓生達もまた別のコミュニティになります。

ところが、SNSへの投稿の場合には、同じ書き込みを様々なコミュニティに属する多様な人々が同時に見ることとなります。例えば、サッ

第 3 章　衰退を始めた SNS の現状

カー倶楽部でのもめごとが会社の仲間に知れわたるのは都合が悪いですよね。その結果、フェイスブックでは、「見る人達の全員にとって羨ましいような素敵な話題」ばかりが投稿される傾向が出て来ました。

このような「煌びやかな日常ばかりを投稿」して良い人を演じていると「演じるほうも見るほうも疲れる」という指摘が米国では出ています。これもフェイスブック疲れの原因です。

一方、対話アプリは、1対1のやり取りが基本であり、グループチャットと呼ばれる複数の仲間との投稿合戦もサッカー仲間だけとか会社の仲間だけといった明確な線引ができます。そして、若者ほど世の中の流れに対して敏感に反応します。

このようなミクシィ疲れやフェイスブック疲れを背景に、対話アプリに若者が向かう流れができ始めました。

余談ですが、対話アプリには、「フェイスブック疲れ」のような現象はないのでしょうか。筆者が時々耳にするのは、LINE では「既読表示」があるため、返信にプレッシャーを感じて使うのを辞めたといった話です。

受け取ったメッセージを読んだかどうかを送信者に伝える「既読表示」があるため、メッセージ送信者に「読んだけど返事していない状況」がわかってしまい、多くはもめ事になったとケースです。

しかし、これは、留守電に返信しないのと同じであり、仮想と呼ばれているネットの人間関係ではなく、物理的な人間関係の中での話です。したがって、ネット特有の現象である「フェイスブック疲れ」とは、また別次元の問題だと思われます。

8　実名公開型は社会への過剰適応か、匿名のタンブラー人気

最高経営責任者のデービッド・カープさんが、2007 年 3 月にサー

ビスを開始したタンブラーという新しいブログもスマートデバイスを活用する若者に大人気です。

タンブラーには、ツイッターと同様、他人のブログをフォローすることや、自分のブログをフォローしてもらうことができる機能、リブログ（紹介のための再投稿）と呼ばれる機能があります。

タンブラーは、2013年5月、11億ドルで有名な美人の最高経営責任者のマリッサ・メイヤーさんが率いる米国ヤフーに買収されました。

実は、タンブラーもフェイスブック参加者の逃避先の1つと指摘されているサービスです。フェイスブックの実名主義（住所や勤務先、出身校などを登録し、すべてを実名投稿するお作法）は、ソーシャルメディアを社会に適応させるのに非常に有効でした。

しかし、例によって自分探しに熱心な、馬鹿をやれない若者から反発が起きています。フェイスブックの実名主義、一般にSNSの持つ実名重視は社会への過剰適用だというわけです。

一方、タンブラーは、芸術家の雰囲気を漂わせるブログであり、ニックネーム投稿が主流になっています（使い方も非常にシンプルです）。タンブラーは、スナップチャットと同様、ニックネーム投稿（実質的な匿名投稿）のため、多くの「若者の逸脱行動」が投稿されています。

社会に過剰適応し過ぎたフェイスブックなどの既存SNSは、その代わりにインターネット本来の革新性を失ったようです。

9　規制が年々厳しくなり魅力を失うミクシィ

ミクシィも年々規制が厳しくなり、社会に適応する一方、若者には魅力のないサービスへと変化して行きました。その代表が、足あ

第3章　衰退を始めたSNSの現状

と機能の廃止・復活騒動です（自分のページへの「訪問者」を表示する機能。2013年3月復活）。

　足あと機能は、「親友が夜の3時に日記を読みに来てくれている」などと参加者を感動させる役割を持っており、初期の頃のミクシィの普及に大きく貢献しました。

　ましてやポストパソコン時代は、離婚や再婚、転職など当たり前となり、誰もが自分探しを求める時代です。自分を「受け入れて欲しい、認めてほしい」といった大なり小なり欲求は誰もが持っています。

　日記への足あとは、「親しい仲間が自分を気にかけてくれているという証拠のようなもの」でした。しかし、それは、ネットの友人も含めて、親しい間柄でのみ生じる感覚です。

　一方、見ず知らずの変な人に日記を読まれた（足あとをつけられた）といったミクシィの公開サービス要素から来る不満も絶えませんでした。

　そこで、2011年6月足あと機能を廃止し、「いいね」ボタンを付けました。足あと機能の廃止は、一種の規制強化とも考えられます。足あと機能の廃止は、「誰が日記などを読んだかわからなくすれば問題は解決する」という単純な理解から実施されています。

　このような混乱の中で、ミクシィは、ヒューマンな魅力を失いました。

　更に、フェイスブックなどを見習って招待制度を中止し、プライベート中心のサービス、オープンなサービス（公開型サービス）に移行したのが失敗だったなど、様々な指摘が出ています。

　結局、ミクシィも、公開型のサービスなのか私的なプライベートな社交の手段なのかわからないと指摘されている、既存SNSの混乱から抜け出せませんでした。

第4章

グーグルやフェイスブックの
反撃

第4章　グーグルやフェイスブックの反撃

1　アプリへの移行が遅れたフェイスブックやミクシィ

　フェイスブックにおいて若者離れが叫ばれた原因の1つは、アプリへの対応が遅れた点です。

　フェイスブックの天才経営者マーク・ザッカーバーグさんは、2012年9月、有名な技術ブログ紙であるテッククランチのカンファレンス「デスラプト」に参加し「スマートフォン用のアプリを無視し、ブラウザー重視の戦略を取ったのは失敗だった」と述べています。

　少し専門的になりますが、パソコンとブラウザー時代のフェイスブックのようなサービスをそのままスマートフォンに移行する手法にブラウザーベースの「HTML5」と呼ばれるソフトウエアがあります。

　フェイスブックは、スマートフォンのアプリではなく「HTML5」を重視してきたために、「アプリに比べて使い辛い」という批判が生じ、そのため若者離れを招いたという反省です。

　その後、スマートフォンでは、スピードが非常に遅く、使いづらかったフェイスブックも、アプリのお陰で使いやすいものとなりました。

　フェイスブックは、アプリ重視の判断を誤ったために約2年を無駄にしたといわれています。その隙を突いてスマートフォンのアプリを重視した対話アプリの新サービスが続々誕生し、成長しました。

　その後、フェイスブックは、スマートフォン上でのアプリ開発企業「パース」を買収するなど自社と第三者企業によるフェイスブック関連のアプリ開発に全力を上げています。

　「モバイルファースト」とか「モバイルベスト」という取組み姿勢が目立ちます。

一方、ミクシィは、「ミクシィパークの失敗」（2013年3月末サービス中止）などを見れば明らかですが、当初ポストパソコン時代への変化をあまり本気で考えていませんでした。

　しかし、2013年5月、社長が30歳の朝倉さんに交代し、その後はポストパソコン時代、スマートデバイス時代に本気で取り組み始めました。

　韓国のNHNによるネーバートークの例を見ても明らかなように、大きな転換期の失敗は、上手く対応しないと取り返しのつかないミスに繋がりかねません。

2　対話アプリ・フェイスブックメッセンジャーの登場

　フェイスブックの対話アプリは、「フェイスブックメッセンジャー」と呼ばれており、スマートフォン、パソコン、従来からの携帯電話の間でメッセージのやり取りができます。

　元々は、パソコン上のウェブページでサービスされていたチャットと呼ばれるサービスを取り込んで出来上がりました。スマートフォン用のサービス開始は、2011年8月です。スマートフォンの画面は、ホワッツアップにそっくりです。

　グーグルプレイストアのアプリに対する星の数の評価は、4.1個と評判は良いようです。フェイスブックのパソコン上のウェブページからでも続きを見ることができるという利点があります。また、無料電話サービスに関して、フェイスブックはスカイプと連携しています。

　後ほど述べるアップルのアイメッセージ同様評判が良いサービスです。現在、米国では、ホワッツアップを上回って使われています（他国では、ホワッツアップのほうが普及）。

第４章　グーグルやフェイスブックの反撃

【図表23　対話アプリの普及率】

GLOBAL MESSAGING APP REACH

		FB Msngr	KakaoTalk	LINE	Pinger	Skype	WeChat	WhatsApp
Anglo	米国	13%	1%	1%	8%*	16%	1%	9%
	カナダ	18%	1%	-	-	23%	2%	18%
	英国	15%	-	-	-	23%	-	46%
	豪州	20%	2%	4%	-	27%	4%	22%
Latin America		29%	-	12%	-	51%	-	91%
		33%	-	-	-	35%	-	83%
		28%	-	9%	-	59%	-	91%
		31%	-	10%	-	32%	-	90%
Europe		31%	-	1%	-	23%	-	90%
		13%	-	57%	-	23%	-	98%
		20%	-	1%	-	24%	-	18%
		34%	-	3%	-	24%	-	90%
E. Asia	中国	-	2%	12%	-	15%	79%	17%
	台湾	22%	3%	41%	-	21%	45%	95%
	日本	18%	10%	69%	-	35%	-	7%
	韓国	6%	94%	11%	-	8%	-	2%

Data: market share (reach) of iPhone apps in selected countries during May 2013.
* Pinger doubles its market share and jumps to the lead in the US when factoring in all iOS devices (iPhone, iPad, iPod Touch)

Onavo Insights, the largest mobile intelligence service, delivers actionable metrics and never-before-seen competitive insights, based on the world's largest mobile panel, to drive decision-making and media buying in the world's leading mobile companies. For more information visit insights.onavo.com

〈出所：ONAVO〉

　米国では13％と利用率トップのフェースブック・メッセージサービスも、欧州や英連邦、ラテンアメリカではホワッツアップに勝てない。こんご、整理淘汰時代へ。

3　待ち受け画面、フェイスブック専用フォンの失敗

　フェイスブックは、2013年4月、台湾のHTCからHTCファーストと呼ばれるスマートフォンを出しました（プラットフォームＯＳはアンドロイド使用）。

　このHTCファーストは、フェイスブックの仕様変更要求を入れた一種のフェイスブック専用スマートフォン（フェイスブックの使用を最優先するスマートフォン）でした。

　このHTCファーストは、通信キャリアのＡＴ＆Ｔから販売されました。同時に、待ち受け画面（名前はフェイスブックホーム）と呼ばれるアプリを提供しました。待ち受け画面には、友達の近況がどんどん流れて来るという触れ込みだったのです。

　そこには、チャットヘッドと呼ばれるフェイスブックが開発した「文字による対話アプリ」と、カバーフィードと呼ばれるフェイスブックへの友人の投稿であるニュスフィードが表示されました。

　フェイスブックへの友人の投稿は、ちょうど写真対話アプリのインスタグラムのような表示の仕方でした。この待ち受け画面のプロジェクトは、技術最高責任者には仮想社会サービス・セカンドライフを開発したコーリー・オンドレイカ氏が就任するなど、並々ならぬ力の入れようでした。

　しかし、待ち受け画面は、「使いにくい」と生活者の評価が非常に低く、明らかに失敗でした。グーグルプレイを見れば明らかですが、評価を表す星の平均数はたった2.5個であり、一番多いのは最低の評価を示す1個です（星の数は5個が最高）。

　また、ＡＴ＆Ｔは、フェイスブック専用フォンのHTCファーストを4月12日から当初99ドル99セント販売していました。し

第4章　グーグルやフェイスブックの反撃

かし、1か月もたたないうちに99セント（2年契約が条件）のプロモーション価格での販売に踏み切りました。予想したほど売れず、特売品のほうに回したというわけです。

その結果、米国での成功後に予定されていた欧州など世界展開は中止になりました。英国の通信キャリアＥＥやフランスの通信キャリアであるオレンジが、それぞれHTCファーストの採用中止声明を発表しています。

【図表24　失敗したフェースブック専用フォン】

〈出所：ギガオム〉

失敗したフェースブックフォンのＨＴＣファーストフェースブックは、待ち受け画面を諦めないが…。

そして、HTCファーストが成功した場合には、韓国のサムスン電子などからもフェイスブック専用フォンの開発計画があったと見られていますが、当然、それらの計画もすべて中止になりました。

4　ミクシィの反撃は成功するか

ミクシィは、2013年6月25日、創業者の笠原健治社長が会長に退き、新社長に30歳の朝倉祐介執行役員が就任しました。

そして、遅ればせながら、ポストパソコン時代に対応したスマートフォンアプリの開発重視とミクシィのコミュニティを活用すべく第3、第4の新規事業を興すべく邁進するそうです。

ミクシィが得意としていたパソコン時代は、もう終わったという認識です。

また、ミクシィ自体に関しては、「スマホ時代に合致した新しいＳＮＳとして生まれ変わらせ、成長させる」としています。
　環境がパソコンからスマート機器に変化する中で、恐竜と化したミクシィを新しい環境に適応した鳥類やほ乳類に生まれ変わらせるというわけです。大きく考えれば、これは「古いミクシィは消える」という意味に解釈できます。流石にポストパソコン時代には、ミクシィもミクシィメッセンジャーを立ち上げています。
　そして早晩、（対話アプリのような）第２、第３の「フェイスブックが日本に登場する時に備える」としています。
　流石は元マッキンゼーのコンサルタントであり、現状認識や戦略も素晴らしいモノがあります。古いミクシィは消え、会社としてポストパソコン時代に相応しい、新サービスに移行し、勝ち残るという方向です。
　しかし、問題は、「天の時、地の利、人の和」をもって素晴らしい戦略を実行に移すことができるかどうかです。そして、それは、決して簡単ではありません。
　例えば、フィンランドのノキアは、古い携帯電話のビジネスからスマートフォンビジネスへの変身に失敗し、マイクロソフトに電話事業を売り渡し、ネットワークインフラ事業に衣替えをしました（このことは、フィンランド国民に国内の家電崩壊並みの衝撃を与えています）。
　日本の携帯電話企業のＮＥＣやパナソニックは、ガラケーと呼ばれた時代には、１位と２位の売上を上げていました。しかし、スマートフォンの時代が始まると一挙にシェアは下がり、ＮＴＴドコモの2013年春のツートップ戦略にも選ばれず、ＮＥＣは撤退、パナソニックは消費者対象のスマートフォンビジネスからは撤退が発表されています。

第4章　グーグルやフェイスブックの反撃

　対話アプリが全盛になろうとしている時代、ミクシィはある意味でノキア、ＮＥＣ、パナソニックと同じ立ち位置にあります。ミクシィの奇跡を起こすべく朝倉新社長の手腕に期待しましょう。

5　難しいアプリの開発、アプリ連動

　ミクシィパークの例やフェイスブックの待ち受け画面の例を見れば明らかですが、スマートデバイスのサービスアプリを開発することは思ったほど簡単ではありません。

　2011 年には、LINE の韓国本社もネイバートークの開発に失敗しています。

　一方、韓国のカカオトークも、待ち受け画面アプリ（カカオフォーム）を開発しました（ただし、専用のスマートフォンは開発していない）。2013 年 5 月に韓国限定で出され、2 週間で 100 万ダウンロードを達成するなど成功でした。評価も星の数の平均数も 4.1 個ありました（フェイスブックフォームは 2.5 個）。

　パソコン時代は、パソコンとブラウザーの上に自社プラットフォームを確立し、その上に Web アプリと呼ばれる第三者のアプリを自由につくってもらうサービスの形が流行りました。これを最初に提示したのは、仮想社会サービスで一世を風靡したセカンドライフです。

　しかしその後、フェイスブックが 6 次の隔たり論に基づくソーシャルグラフ（人脈図）を基にした開放的なプラットフォームを立ち上げました。そして、その上に約 1 万社以上が自由に Web アプリを開発し、広告売上などフェイスブックに様々な利益をもたらしました。

　その典型がソーシャルゲーム企業のジンガでした。

一方、ミクシィは、フェイスブックの開放的なプラットフォームの真似をし、第三者に自由に開発させたサンシャイン牧場などのソーシャルゲームのような自由な展開を認めました。一時はミクシィ大復活と騒がれたものです。

　しかし、スマートフォンやタブレットなどのスマートデバイスの場合には、ブラウザーのフェイスブック上に様々なWebアプリを密に詰め込む形ではなく、個々の独立した単純なアプリが緩やかに繋がる形（疎結合といいます）をとります。

　数十個のアプリを軽く連携させる日本発のLINEやカカオトークを見ていると、この辺りのつくり方が上手いといえます。

6　グーグルの反撃、グーグル＋からハングアウトが独立

　グーグルは、フェイスブックと異なり、2005年アンドロイド社を買収してスマートデバイス用の主流であるアンドロイドＯＳを開発するなど、現会長のエリック・シュミット氏がアップルの取締役を務めていたこともあり、初期の頃からポストパソコン時代への動きは早いものがありました。

　したがって、グーグルがフェイスブック対抗のグーグルプラスを開発した2011年6月時点からアンドロイドのスマートフォンで撮った写真を自動的にグーグルプラスに登録するカメラアプリ（フェイスブックになかった特長）を備えていました。

　グーグルプラスは、最新の研究成果である進化系の人類学、心理学、社会学などを駆使して開発されています。そしてその神髄とも考えられているのが「アドレス帳のサークルの仕組み」です。知合いやフォロウ相手を様々な形で分類できるという特長、公開型にもプライベート型にも柔軟に対応できる特長があります。

第4章　グーグルやフェイスブックの反撃

【図表 25　無料ビデオ電話グーグルハンドアウトのイメージ図】

＜出所：グーグル＞

　この仕組みは、プライベート型ソーシャルネットワークのパスが参考にし、採用しています。

　また、複数の人々が集まって無料でビデオ会話ができる「ハングアウト」がフェイスブックにない大きな特長として注目されていました。そして、グーグルプラスといえば、ハングアウトと呼ばれる特長となり、オバマ大統領もハングアウトを使った国民とのビデオ会議を行ったこともあるくらいです（2012 年 1 月）。

　韓国のカカオトークは、5 人までが同時参加できる無料電話を誇っていますが、ハングアウトは同時に 10 人までがビデオ電話に参加できます。

　グーグルは、グーグル＋からハングアウトを独立させ、対話メッセージの仕組みを追加して対話アプリに仕立てる作戦に出ました。これは面白い戦略です。

7　アップルの反撃、対話アプリと無料電話

　では、アップルの対応はどうでしょうか。

アップルは、ホワッツアップやタンゴ、バイバーなどの登場を歓迎し、これらのサービス・アプリをアイチューンズストアにおいて販売する一方、自社のつくった対話アプリと無料電話アプリを自社開発のスマート機器への生活者囲い込みに活用しています。

具体的には、アイメッセージと呼ばれるサービス（文字型対話アプリ）とフェースタイムと呼ばれるビデオ電話がそれに相当します（図表26参照）。

【図表26　対話アプリと無料電話】

〈出所：アップル〉

アイメッセージは、通信キャリアのショートメッセージを置き換える対話アプリのサービスであり、画面はホワッツアップやLINEにそっくりです。そして、開封確認（既読）などの仕組みもついています。

8　ユニークなブラックベリーのアプローチ

面白いのは、カナダのスマートフォンメーカーのブラックベリーです。アップルがアイフォンを出す以前、ブラックベリーはスマートフォンのトップメーカーであり、とりわけ企業が製品とサービスを購入していました。

しかし、アップルのアイフォンの登場後は落ち目となり、いまや会社売却先を探してる状況です。

その中で注目すべきは、ブラックベリーで評判の良い「対話アプ

第４章　グーグルやフェイスブックの反撃

リ」をアップルの機器やアンドロイドのスマート機器に対して開放し始めている点です。

そして、米国のウオールストリートジャーナル紙などは、「ブラックベリーは対話アプリをBBM」とう名称で別サービスとして独立させることを検討していると伝えています（新会社の社名候補はBBMインク）。

確かに、ブラックベリーの強い北米では、ホワッツアップやカナダのキックなどのライバルサービスが登場しています。ブラックベリーの「対話アプリ」は、それに伍して戦うだけの評判の良いものであるだけに注目です。

現在、ブラックベリーの対話アプリには、約6,000万人の実参加者がいます。サービスの拡大という点からは、既にアイフォンやアンドロイドフォン用のアプリのリリースが始まっています。また、WiFiネットワークからのビデオ電話も追加されました。

そして、注目すべきは、LINEやカカオトーク、微信が開始している企業アカウント（BBM Channels）の採用も開始されているという点でしょう（テスト的なサービス開始は2013年5月）。

これは、企業によるビジネス目的での利用であり、企業やブランド、音楽家、セレブなどを一般参加者がフォロウするツイッターのようなグループチャットのイメージが描かれています。

形の上で、BBM Channelsは、別アプリになっています。無論、様々なコミュニティを立ち上げることも可能です。面白いのは、チャネルのオーナーはスパムなどの不適切なコメントを削除するなど管理権限が与えられている点です。

BBM Channels上に最初に登場した企業は、メルセデスＡＭＧのペトロナス・フォーミュラ・ワンチームでした。こうしてメルセデスによるモータースポーツのファンクラブづくりが始まりました。

第 5 章

プライベート・メッセージサービスの代表
LINE などの仕組みの特長

第5章　プライベート・メッセージサービスの代表 LINE などの仕組みの特徴

本章では、ポスト・パソコン時代生まれの対話型アプリとパソコン時代を支配した既存 SNS とを比較した場合、仕組み上の一般的な相違点について述べたいと思います。

1　多人数参加の既存 SNS、1対1が基本の対話アプリ

既存 SNS には、フォーラムや掲示板を基にした「多人数の見知らぬ人々」がネットで参加する「歴史のあるネットコミュニティの発展形」という特長があります。この原型は、インターネットが一般に開放される以前、80 年代のパソコン通信時代に登場しました。

一方、対話アプリは、従来型携帯電話によるショートメッセージや電話サービスの置き換えから始まったといわれています。

その特長は、「1対1の対話の発展形」です。対話アプリが登場する以前は、キャリアメールやショートメッセージサービスなどは、原則、使用する通信キャリアのユーザー間でのみ使用が可能でした（後に各サービス間での連携が始まりましたが…）。

しかし、対話アプリの場合には、通信キャリアやスマート機器などのメイカーの制限を越えて自由に活用できるという特長がありま

【図表 27　多人数参加の既存 SNS、1対1が基本の対話アプリ】

既存 SNS は、多人数でのコミュニティが基本。公開型の対話アプリは、コミュニティに近い。

プライベートな対話アプリは、1対1が基本。

す。

そして、対話アプリは、次第に1対1の対話から複数の仲間が参加するグループ投稿や更にグループ電話が可能な形へと発展しています。

なお、ツイッターなどの公開型対話アプリも、同様にショートメッセージサービスを参考に立ち上がったものです。

2　複雑な既存 SNS、単純な仕組みの対話アプリ

既存の SNS に対する対話アプリの第2の特長は、兎に角「シンプル（単純）な仕組み」という点でしょう。その結果、操作が非常にわかりやすいというのも特長です。

それは、画面が小さい点、更に移動中にながら使用する点から来ています。

一方、パソコンとブラウザー時代の SNS は、画面が大きく、部屋に閉じこもり、机の前にじっくり座って文字を打ち込むライフスタイルのため、自然につくりや操作性が複雑になっています。

LINE やカカオトークなどは、タッチで動くアプリの操作で動く非常にシンプル（単純）な仕組みです。

3　無料メッセージと無料電話アプリ

スマートフォンが登場して対話アプリが生活者にアピールした大きな理由は、多くの対話アプリが無料メッセージ・アプリ、無料電話アプリだった点です。

それまで通信キャリアの提供するショートメッセージやキャリアメール、電話サービスは、すべて有料でした。そして、通信キャリ

アの売上の重要な部分でした。

例えば、国内のＮＴＴドコモの例でみると、ショートメッセージは1回あたり3.15円（送達通知の有無にかかわらず）となっています。

対話アプリを使えば、この手の料金が無料となり、パケット代金だけになるわけですから、対話アプリは一挙に世界中に流行しました。

4 自分探しの気持ちを表す写真やスタンプ

「ながら…」と「小さな画面」の組合せは、メッセージ表現法をどんどん単純化とお手軽化の方向で進化させました。

そこで、登場したのが写真やスタンプです。スタンプは、LINEが開始したサービスですが、他の様々な対話アプリもスタンプを取り入れています。スタンプに関しては、昔女性を中心に流行った電子メールなどにおける絵文字や顔文字を思い出してください。スタンプは、その発展形です。

では、何故写真やスタンプの単純メッセージが世界中で大人気なのでしょうか。

昔の大量生産時代には、生活者のケガといえば工場での事故とか交通事故などの身体的なケガが大部分でした。

しかし、ネットと共に台頭するポストパソコン時代（ICT革命の第4段階）の個人が自律する知識・情報型社会では、引き篭もりや人と上手く付き合えない適応障害、うつ病などの心理的なケガが圧倒的に増えています。

家庭では、離婚や再婚が増え、職場を変わることも当たり前になる時代には、身体的な障害が減り、人間関係の悩み＝心理的なケガが増えたわけです。

若者だけではなく老若男女を貫くすべての生活者にとって「恒常

【図表29　スタンプ】

LINEのスタンプ

米国「パス」のスタンプ

ミクシィメッセージのスタンプ

・120種類以上のスタンプを無料で提供
・ユーザーの利用動向を調査し、他のサービスでも利用を検討

＜出所：LINE＞

＜出所：パス＞

＜出所：ミクシィ＞

的な自分探し」が重要となり、誰もが何時も愛情や愛着（自分を受け入れて愛してほしいという欲求）に飢えている状況が出現しています。

1枚の写真は、それだけで自分の物語を伝える力を持っています。また、スタンプは可愛らしさを表現し、愛着を求める気持ちを満たしてくれるため、心理的には小さな癒しとなります。

5　公開型とプライベート型の棲み分け

日本発のLINEなどを見ればわかりますが、見知らぬ人々に投稿メッセージを表示したり、見知らぬ人とメッセージのやり取りをする公開型と物理的な知合いとだけメッセージ交換をするプライベート型の棲み分けが明確であり、「仕組みが洗練」されています。

公開型とプライベート型の棲み分けとは、インターネットの知合いと実際の知合いとの会話を明確に分けるという意味でもありま

第5章　プライベート・メッセージサービスの代表LINEなどの仕組みの特徴

す。

　従来のSNSでは、この両者が混同されていました。更に、対話アプリの場合、同じ物理的な知合いのグループチャットでも、会社の友達と同窓生とを明確に分けることもできます。

　無論、同窓生のグループチャットでも高校と大学の知合いとのやり取りを分けることができます。対話アプリは、非常に仕組みが洗練されています。

　更に、具体的にみましょう。

　例えば、LINEやカカオトークなどのプライベート型のメッセージ交換（LINEは「トーク」と呼んでいる）では、物理的な知合いとの一対一の対話が基本です。無料電話の場合も同じです。

　また、グループメッセージ（古いSNSの感覚では一種のコミュニティ）では、飲み会の設定など知合いである数人の間だけでメッセージ交換が行われます。

　そして、会社の飲み会、同窓生の飲み会など目的によって集める仲間を簡単に分類できる点は既存SNSと比較して秀逸だと思います（既存SNSでも不可能ではないが、複雑）。

　無論、LINEでもLINE IDを活用すれば、見ず知らずの相手とメッセージ交換をできます。しかし、プライベートなメッセージのやり取りが、外部の第三者に晒されるわけではありません。

　では、公開型のメッセージ投稿をしたい場合には、どうすればよいのでしょうか。

　LINEの場合には、「ステータスメッセージ」や「タイムライン」（友達は全員読める）といった仕組みが導入されています。これは、プライベート型の対話サービスに公開型の要素を多少加味した形といえるでしょう。

　しかし、LINEを見ていると、公開型のサービスを本格的に活用

する場合には、公開に適したツイッターを使うべきだという発想を持っており、両者の棲み分けを考えているようです。プライベートな対話サービスはLINEを使い、公開型のサービスを使う場合にはツイッターをどうぞという戦略です。

一方、カカオトークの場合には、プライベートな対話のメッセージ交換はカカオトークを使用し、公開型はツイッターに相当するカカオストーリーを推奨しています(カカオストーリーは韓国で大人気、国内にも登場済み)。

既存のSNSがプライベート対話と公開型の対話が混同され、個人情報保護などでいつも揉めている状況と比べて、明らかに洗練された仕組みといえましょう。

それでは、既存SNSが得意な「ネットで知り合い、その後対面で出会う」といった社交の新しい形や、「ネットの議論」といった側面はどう変化するのでしょうか。

例えば、2008年の米国大統領選挙では、「ネットでの議論」が盛んに盛り上がりました。2008年初のアイオアにおける民主党候補を決める予備選挙のための党員集会投票の直前、若者の間では「アイオアの仲間に民主党の党員集会に参加してオバマさんに投票する呼びかけをしよう」といった機運が高まり、奇跡が起こりました。

それまで民主党内で絶対的に有利と見られていた元ファースト・レディのヒラリー・クリントン候補が、黒人候補のオバマ候補に最初の党員集会であるアイオア州で敗退したのです。

お互いが見ず知らずの若者同士がフェイスブック上で集まり、その後物理的な党員集会に参加して投票した結果です。出会ったこともない人々が「ネットで活発に議論」し、「ネットで知り合いその後対面で出会う」という仮想コミュニティ(既存SNS)が、現実の社会を変え始めた瞬間でした。これをきっかけに、米国初の黒人大

統領が誕生し、フェイスブックは歴史を変える大きな役割を果たし、ネットは完全に社会に定着しました。

では、このような既存SNSの持つ積極的な役割は、フェイスブックの衰退後にどのように変わるのでしょうか。

その役割は、ツイッターのような公開型アプリの発展や公開型アプリと非公開のプライベート・アプリとの連動の中で吸収され始めています。

日本テレビが毎年恒例で放送するスタジオ・ジブリ制作のアニメ映画「天空の城ラピュタ」での「バルス祭り」で使われるツイッターでは、ハッシュタグにより誰でも様々な議論のコミュニティを立ち上げることができます。今後、フェイスブックが示した仮想コミュニティの議論やネットから物理的な出会いへの誘導は、次第にツイッターに移行すると考えられます。

また、韓国の大統領選挙では、若者の野党支持に危機感を抱いた50代、60代のシニア層がカカオトークを活用してお互いに保守のパク・クネ候補に投票したという指摘があります。公開型のツイッター、ひそひそ話のプライベート型対話アプリの組合せに注目です。

6 対話アプリはアプリの緩やかな連携

対話アプリなどスマートフォンのアプリをつくる際、最も難しいと考えられているのがアプリの緩やかな連携です。

現在の環境は、パソコン文化からポストパソコン文化への移行期にあります。

米国調査会社のIDCは、2013年には世界市場でタブレットの出荷台数がパソコンを超えると予測しています。

国内でも、電子情報技術産業協会は、2013年4月のノート・パ

ソコ出荷台数が、前年同期比35%も落ち込んだと発表しました。

しかし、大きな画面と複雑な設計に慣れた技術者ほど、様々な機能をまるで四畳半文化のように一つのアプリに詰め込もうとする傾向があります。

スマートフォンアプリ成功の秘訣は、各アプリを非常に単純な形にしてそれを緩やかに繋ぐ方式です。成功しているLINEの場合には、本体のアプリの他にゲームや漫画、占いなど様々な数十個の単機能のアプリの連合体から全体のエコシステムが出来上がっています。

7　LINEに見る対話アプリの特長

ここからは、対話アプリの特長を更に掘り下げるため、日韓連合で開発されたLINEの仕組みを中心に取り上げます。ただし、LINEの詳細な仕組みに関しては数多な類書が出ているため、そちらをご参照ください。

8　先行するビジネスモデルの確立LINE

通常、インターネットにおけるソーシャル系のサービスは、まず採算を度外視して参加者をできるだけ多数集めます。そして、十分な参加者が集まった段階で、いかに売上を上げるかを検討する段階に進みます。

ホワッツアップやスナップチャットなど米国のベンチャー企業が立ち上げた対話アプリは、十分な参加者数を集めたこともあり、そろそろ本格的にお金儲けを検討する段階に来ています。

これに比べればLINEの動きは非常に速く、2011年6月にサービス開始1年後の2012年夏から本格的に売上を追うビジネスス

第5章 プライベート・メッセージサービスの代表LINEなどの仕組みの特徴

テージに突入しています。そして、ネット通販（2013年秋予定）など様々なビジネス領域に進出し、ビジネスモデルも次第に明確になり始めています。

第7章で詳しく述べますが、韓国のカカオトークや中国の微信（ウイーチャット）がこれに続いています。

では、米国の対話アプリの現状はどうなっているのでしょうか。

2009年7月にサービスを開始した、最も先行する米国ホワッツアップは流石に年間約1ドルの利用料を活用者から徴収する課金モデルに移行しています。

しかし、その他の対話アプリ系の北米企業にとってビジネスモデルの確立は、これからの課題です。（なお、LINEに関しては本章後半参照）

9　明確な従来型ネット広告への反発対策

対話型アプリの場合、ツイッターのような公開型とホワッツアップやLINEのようなやり取りを公開しないプライベート型に分類されることは既に述べました。公開型のツイッターでは、広告売上が中心的な要素になっています。

一方、プライベート型の対話アプリでは、広告売上は中心ではなく、むしろ忌避される方向ですらあります。

また、一般的に申し上げて、公開型であれ非公開型であれ、ポストパソコン時代、ソーシャルメディアも含め、直接的な広告売上はあまり重視されていません。その理由の1つは、パソコンやテレビに比べて画面が小さいことから広告主が一般に効果を疑問視しているためです。

更に重要な点として挙げられるのは、ソーシャルメディアにおけ

110

る直接的な広告への「広告アレルギー」が背景にあります。

一般に、ソーシャルメディアの場合、参加者同士の「メッセージによる社交の間に広告を見せられるとうんざりする」といったソーシャルメディアと広告との不適合説は既存SNSの昔からありました。

しかし、フェイスブックやミクシィしか手段がなかった時代、参加者は「半ばあきらめムード」で広告表示を甘受していました。

ところが、ポストパソコン時代となり、リーダー企業のホワッツアップなどが「パーソナルなメッセージ交換に広告は害になる」と言い出して若者の支持を得はじめると、対話アプリ各社は一斉に広告を拒否しました。

そして、対話アプリに広告を入れるにしても、参加者の納得のいくような、非常に洗練された手法が検討され始めました。露骨な広告のない対話アプリの影響で、ソーシャルメディアにおける広告アレルギーの声は、日増しに強くなっています。

広告アレルギーの声は、フェイスブックのビジネスモデルにすら影響を与え始めています。フェイスブックの売上の90％弱は広告です（2013年第2四半期、広告売上15億9,900万ドル、その他手数料など2億1,400万ドル）。

しかし、フェイスブックが新しい広告手法を導入する都度、参加者は反発しており、その傾向は次第に強まっています。これは、明らかにプライベートな対話アプリが広告を載せない流れがフェイスブック広告への反発となって跳ね返っているためと考えられます。

確かに、フェイスブックは、2013年第2四半期、スマートフォンからの広告売上が41％に達し、「フェイスブックの危機は去った」とばかり株価も上場時の水準を上回り、40ドルを超えました。

しかし、スマートフォンの様々な投稿（ニュースフィード）で広

告が成功すればするほど、若者など一部の参加者をフェイスブックから遠ざけるリスクが指摘されています。

一方、公開型の対話アプリであるツイッターの場合には、あまりそういう指摘はありません。その理由は、ツイッターが個々の参加者による私的な社交から距離を置く情報ネットワークというコンセプトを打ち出すことに成功しているからだと考えられます。

10　楽しめる洗練された広告

では、LINEやカカオトーク、スナップチャットなどは広告をどのように考えているのでしょうか。

LINEの公式アカウントからの売上は、広い意味で広告売上に相当します。カカオトークについても、「Pulusカカとも」と呼ばれるLINEの公式アカウント類似の企業やセレブ用サービスを持っています。

また、スナップチャットなどは、企業による時限型の消える広告を検討しているといわれています。

【図表29　消える広告のイメージ】

凄い美女が現れ・・・・　　　パッと消える美容院のCM

既存のSNSは、ディスプレイ広告を社交メッセージの横や中に出すなど「気に障る広告」を打ってきました。
　一方、LINEの公式アカウントや「Pulusカカとも」などは、現実の友達とのメッセージ交換の場面と隔絶したところで企業とのやり取りがなされ、第三者に見えない形でマーケティングプロモーションが行われています。
　以前ミクシィには、フォーマルコミュニティと呼ばれる企業が主催するコミュニティがありました。LINEの公式アカウントは、企業の一方的なメッセージ発信が基本となるなど「ある意味でずっと洗練」されています。双方向のやりとりがない単純さが逆にマーケティングに適した仕組みとなっています。
　正にソーシャルメディアは、古いサービスから新しいサービスへと交代を繰り返しながら洗練され、良い意味で「より社会に馴染む方向」に進んでいます。
　ポストパソコン時代の広告拒否の風潮や対話アプリの洗練された広告戦略にミクシィやフェイスブックは勝てるでしょうか。

11　日韓連合による戦略

　LINEは、国内ではサービス開始後2年間に約4,700万人が参加するほどの大成功であり、また海外でも台湾、タイ、スペイン、インドなどで参加者数がそれぞれ1,000万人を超え、成功しています。
　LINEは、韓国企業のNHNが日本法人で開発したものです。
　筆者は、この日韓連合アプローチの持つグローバル性がアジアなどで受けていると見ています。
　アセアン諸国による自由貿易拡大の動きやTPP（環太平洋戦略的経済連携協定）など地域の経済連携が高まる時代には、日本単独、

【図表 30　日韓連合で攻める LINE はイメージがよい】

韓国単独、中国単独のアプローチよりは日韓連合といったグローバルアプローチのほうがイメージが良いと考えられます。

カカオトークも Yahoo! JAPAN と提携し、国内では日韓連合による戦略を打ち出しています。

12　ツイッターに対する逆張り戦略

経営トップの話を聞いていると、LINE もツイッターも結構、お互いを意識しています。「ツイッターの得意なことには、LINE は手を出さない」また「逆もしかり」両社とも非常に「単純なサービス」を目指しており、両社のサービスは明らかに補完関係になっています。

これは、ポストパソコン時代を象徴する実に面白いビジネス現象といえましょう。

ホワッツアップから開始され、どれも似たような仕組みを持つ対話アプのサービスモデルでの LINE の大きな貢献は、スタンプの採用でした。絵文字の工夫からアイデアを得たといわれるスタンプは、「ながら……」時代のリアルタイムのコミュニケーションにぴったりでした。

13　フェイスブックを倒すには何が足りないのか

　LINE の森川社長らは、常々フェイスブックを凌駕することを目標として述べています。

　事実、2013 年末頃には、3 億人を超えるほどの勢いを持つ LINE にしてみれば、全体で約 11.5 億人（内モバイル参加者数 8 億 1,900 万人。2013 年 6 月）の参加者を持つフェイスブックも射程距離に入ったといえるかもしれません。

　その前に米国のホワッツアップ（約 4 億人）や微信（約 4 億人）との競り合いを制する必要がありますが、勢いのある LINE にとっては不可能ではないでしょう。

　既にミクシィは、参加者数（スマートフォン参加者数は 1,000 万人を切る 795 万人）で LINE に凌駕されています。

　しかし、ソーシャルメディアの視点から見た場合、LINE に欠けているのは、ツイッターやフェイスブックの持つ「（公開型の）ネット発の仮想コミュニティ」の要素です。

　古いパソコン中心時代、ミクシィやフェイスブックなどの成長の中でネットのコミュニティは次第に洗練され「（ネットで）知り合うのが先（現実の）出会いが後」といったソーシャルメディアの活用法が誕生しました。

　ネットの友達やネット発のコミュニティを最も上手く活用して現実の選挙に勝ったのが米国大統領のオバマさんでした。

　筆者は、早晩、別アプリの形で公開型対話アプリ・サービスを LINE も出し、現在の LINE アプリと上手く連携させる時期が早晩やってくると思っています。

　そのときこそ、パソコン時代生まれのフェイスブックと LINE（ラ

イン）などの対話アプリが完全に「ガチンコ勝負」できると考えています。

既に、ライバルのカカオトークは、公開型写真メッセージのカカオストーリーのサービスを開始し、カカオトークのアプリと緩やかな連携に成功しています。

14 欠落するインスタグラムやカカオストーリーのサービス

韓国のカカオトークは、LINEに欠けている公開型の対話アプリ・サービスを持っています。それが上述したカカオストーリーです。

米国では、2010年10月に誕生した公開型写真アプリのインスタグラムが急成長しました。既に述べたとおり、対話アプリの急成長に危機感を抱いたフェイスブックは2012年、インスタグラムを10億ドルで買収しました。

韓国のカカオは、プライベート対話アプリのカカオトークを開発すると同時に、インスタグラムを参考にした写真対話アプリのカカオストーリーを開発し、両サービスの連携により韓国市場を圧倒的に支配することに成功しています。

カカオストーリーでは、スアートフォンで皆に見てもらいたい写真を撮り、それを編集したり（フィルタリングと呼びます）、一言メッセージを添えて自分の物語として公開します。

日本ではあまり馴染みのなかった写真型対話アプリでしたが、インスタグラムはアップルのアップストアからの映像系無料アプリのダウンロード数で2013年9月13日、国内9位にランクされるなど次第に人気が出始めています。

既にカカオストーリーも国内に登場しています。今後、両サービスとも大きく伸びると予想されます。

LINE は、インスタグラムやカカオストーリ対策をどうするのでしょうか。

　フェイスブックがインスタグラムを買収したわけは、デジカメ時代にフェイスブックに投稿された写真がスマフォ時代にはインスタグラムへの投稿に移行し、アルバム機能が空洞化したためです。

15　LINE の現状要約

　本章の最後に、LINE の現状をまとめてみました。

　2013 年 8 月 21 日、LINE 主催のビジネスカンファレンス「Hello, Friends in Tokyo 2013」での発表によれば、参加者数約 2 億 3,000 万人（その後約 2 億 45000 万人に増加）、国内参加者数約 4,700 万人（コリアヘラルド紙によれば、約 5,000 万人。同年 10 月現在）です。1 日に約 70 億件のメッセージが送信され、約 10 億個のスタンプが利用されています。

　なお、ホワッツアップでは、1 日 270 億件のメッセージが送信されています。日本では友達限定公開型のメッセージ投稿サービスであるタイムラインは毎月約 2,900 万人に利用されています。

　また、ポストパソコン時代のプラットフォーム戦略として緩やかなアプリ間連携を打ち出しており、ラインチャネルというラインアプリのインターフェースに連携する「LINE Camera」「LINE Manga」「LINE PLAY（アバターサービス）」やゲームなどはアプリ数が 52 個にも及んでいます（これはファミリーアプリと呼ばれています）。

　LINE は、カカオトークや微信のように API（アプリ同士の接続用インターフェース）を第三者に公開する予定は今のところないようです。その結果、ファミリーアプリは、原則、自社開発です。

　ビジネスとしては、アプリ内課金、スタンプ販売、マーケティ

第5章　プライベート・メッセージサービスの代表LINEなどの仕組みの特徴

ングソリューションとしての公式アカウントや企業提供スタンプ、ローカルビジネス向けのサービス（LINE @）、スタンプキャラクターのライセンス事業などが挙げられています。

そして、同時に3C戦略が発表されコミュニケーションの強化としてのビデオ電話、コンテンツビジネスとしての音楽配信サービスの「LINE MUSIC」、コマース戦略としてのネット通販である「LINE MALL」が2013年秋から開始されます。

その結果、現在のビジネスモデル上での売上の割合は、ゲームが約半分の53％、スタンプの課金売上が27％、企業による公式スポンサーやスポンサーによるスタンプ配布などマーケティング関連の売上やキャラクターの縫いぐるみ販売などが残りとなっています。

2013年4月―6月の四半期決算では、LINE事業の売上高は97億7,000万円と100億円に迫る勢いです。前四半期比で66.9％も売上が急成長しています。

ミクシィのソーシャルゲーム内課金売上が減少し、赤字になった理由、DeNAが連続3四半期利益減、グリーが赤字に陥った（いずれも2013年4－6月期）理由の一端がわかります。

さて、LINEを中心的に活用しているのは30代です（12－19歳が13.6％、20－24歳が15.3％、25－29歳が15.4％、30－34歳が12.7％、35－39歳が12.3％、40－49歳が15.1％、50歳以上が15.6％）。

また、職業別では、会社員42.2％、主婦・パートやアルバイトが26.4％、学生23.3％、その他8.1％となっています。男女比では女性が50.4％、男性が49.6％です。

毎日の利用率は女性のほうが多く、10代女性は72.1％、20代女性は61％、30代女性は60％となっています。これに対し、10代男性は67.4％、20代男性は61％となっています。

第6章

激化するアジアの
プライベート対話アプリ・サービスの市場争い

第6章　激化するアジアのプライベート対話アプリ・サービスの市場争い

1　韓国のカカオトーク、中国の微信、日本発の LINE の対決

　現在、アジア諸国では、対話アプリの波がフェイスブックの普及の波と同時に起こっています。

　対話アプリは、韓国のカカオトーク、中国の微信、日本発のLINEが市場を3分する勢いで伸びており、さながらワールドベースボールクラシック（野球の世界選手権）のアジア予選といった様相を呈しています。

　各サービスとも地元市場を圧倒的に制し、次はアジアというわけです。LINE は 2012 年 2 月頃から動きを開始し、6 月以降積極的な動きを打ち出しています。

　微信は、2012 年 4 月頃から海外進出に動き始め、2013 年春以降対外進出を本格化しています。また、カカオトークは、2012 年 11 月頃から積極的な海外進出に踏みきったと見られています。

　各社の標的は、まずアジアで先行して活用され始めた歴史の古いホワッツアップやバイバーの牙城を崩し、国単位に市場支配を確立することです。

　それに地元の対話アプリのサービスが巻き込まれ、またテレビＣＭ合戦も開始され、通信キャリアも参入し大変な騒ぎとなっています。

　新聞にたとえれば地方紙ともいうべき地元の対話アプリサービスにとってみれば、無風の市場に突然、全国紙が複数なだれ込んできたようなイメージです。同じことは、地場の通信キャリアにも当てはまるかもしれません。

　取り分けアジア系各社の最激戦地は、台湾とシンガポールだといわれています。

LINE、微信、カカオトークやホワッツアップなどが凌ぎを削っており、微信は2013年春、本格的な対外進出を開始するにあたって台湾とシンガポールにおいて先行してテレビＣＭを開始しました。

　スタンプとメッセージと無料電話を全面に出すLINEに対して、中国の微信はビデオメッセージを打ち出すというテレビＣＭでの対比も面白いです。

　未だインターネットのインフラが整っていないミャンマー初のソーシャルメディア・スクアー（SQUAR）は、スマートフォン対象ということから見ても、パソコンに適した光ファイバーのような固定ラインが普及する前に対話アプリなどのワイアレスを活用したスマートフォンのサービスが早く伸びそうです。

　アジアでは、発展途上国ほどそういう傾向にあります。

2　対外進出がLINEに遅れた微信

　微信は、2013年8月の段階で海外からの利用者数は約1億人となっており、7月段階での7,000万人、5月段階での5,000万人から急成長しています。

　進出先は、タイ、インド、インドネシア、フィリピン、シンガポール、マレーシア、メキシコなどであり、アメリカにもオフィスを開設しています。海外進出で先行するLINEを追いかけます。

　微信は、2011年1月に中国でサービスを開始しています。また英語版は同年10月にサービスが開始され、2011年4月に対外サービス名をウイーチャットとしています。

　現在では18か国語に対応し、200以上の国・地域をカバーしています。

3 LINEが仕掛けた台湾戦争

2012年11月26日には台湾のLINE利用者数が1000万人を突破し、世界に大きな衝撃を与えました。台湾の人口は2,300万人ですが、そのほぼ半数近くがLINEを利用している状況が明らかになりました。

さて、LINEの台湾への上陸は、2012年2月に開始したLINEのテレビCMが最初でした。これは有名な女優のグイ・ルンメイさんを起用したテレビCMです。

2012年6月からは、日本と同じタイミングで台湾、香港、タイでは公式アカウント（企業と友達になるマーケティングサービス）を開始しています。また、台湾の通信事業者バイボとプロモーションなどで提携しました。バイボの利用者は、LINEの縫いぐるみを格安で購入できるサービスも開始されています。

これに危機感を持ったのが中国の微信と韓国のカカオトークでした。香港では、既にLINEのアプリがグーグルプレイストアではダウンロード数で一時総合1位となるなど微信を震撼させています。

取り分け中国のテンセントがサービスしていた微信は、サービスの主体を国内に置いており、2012年6月頃は未だ対外サービスを本格的に手掛けていませんでした。台湾や香港は、広い意味での中国文化圏ということで、いわば自然発生的に利用者が誕生したといった状況でした。

台湾には、米国のホワッツアップや中国の微信、地元発のCubie（キュビィ）などが既にサービスされていました。Cubieは、手書きのメッセージを送れる面白い対話アプリです（写真にも手書きメッセージの添付が可能）。

【図表 31　台湾でのファミリーマートの LINE 公式アカウント】

<出所：ファミリーマート>

　遅ればせながら微信（ウイーチャット）も、2013 年 4 月、テレビＣＭを開始し現在、1,600 万人の参加者を得ています。台湾への LINE（参加者数 1,700 万人）の動きが微信の本格的な海外進出を促すきっかけとなったようです。

　無論、カカオトークも負けてはいません。韓国国内市場に集中しすぎて日本で LINE に簡単に逆転された反省もあります。

4　LINE が制したタイ

　タイにおけるフェイスブックの参加者数は約 2,400 万人、内 1,600 万人がスマートフォンからの参加者と（2013 年 9 月）と見込まれています。

　タイの LINE 参加者数は 1,800 万人を超え（2013 年 8 月現在）、

第6章　激化するアジアのプライベート対話アプリ・サービスの市場争い

参加者数で台湾と共に日本を追いかける国であるといわれています。2012年7月、早くもタイ地元の通信事業者エーアイエス（AIS）と提携しています。

2012年7月、LINEは、地元通信キャリアとの連携戦略を打ち出し、日本のau（KDDI）、台湾のビボ、タイのエーアイエス、インドネシアのテレコムセルとの提携を発表しています。

面白いのは、タイ警察が麻薬犯罪捜査など現場と本部の連絡用にLINEを活用している点でしょう。また、タイ警察は、LINEをタイ全土の警察人事管理など組織内のコミュニケーションにも活用すると発表しています（人事管理組織内のコミュニケーションに関しては、2つの警察管区で8月から本格運用を開始し、2014年には全国展開予定）。

多くの現場警察官が参加するグループチャットなどタイ警察による利用は公式なものであり、企業内対話アプリ利用の先駆けとなる事例です。タイ警察の副長官であるパンシリ氏は、警察組織内でのLINE本格導入に関する記者会見を行っています。そして「LINEを活用したスマートフォンでの通信が実現し、それにより本部と各警察署など業務連絡やコミュニケーション効率化する」と発表しています。

これは、ちょうど国内で注目されている企業内SNSによく似た対話アプリの活用法として注目されます。

これは、米国における病院という企業組織内で活用されている対話アプリのタイガーテキストの事例によく似ています。対話アプリのビジネス利用が、LINEに関してはタイ警察で先例ができる形になりました。

一般生活者の活用に関しては、タイの首都バンコクでは若い女性がスタンプを使いこなしており、国技であるムエタイのボクサーま

【図表32　タイ警察がLINEを企業SNSとして公式採用】

<出所：http://bangkok.coconuts.co>

でもがLINEに夢中なっています。この件は、日本でも民放のテレビ東京が放映し有名になりました。

　タイのインラック首相までLINEを使っています。これは、フェイスブック好きの日本の安倍首相を思い出させます。

　注目すべきは、タイの警察がLINE人気の沸騰のため、タイの王室関係などに対する批判のメッセージや、国の治安を脅かすような不適切なメッセージの交換に関してLINEに検閲許可を申請し、すげなく断られた点でしょう。

　LINEは、「日本の裁判所からの召喚状がない限り、情報開示を検討をすることは不可能」と回答したそうです。

第6章　激化するアジアのプライベート対話アプリ・サービスの市場争い

5　インドネシア争奪戦

　2012年7月、LINEは、日本のKDDIなどと提携した際、インドネシアの通信キャリア一位のテルコムセル（Telkomsel）とも業務提携を行っています。

　台湾やタイと共にインドネシアも早くからLINEの攻略目標市場だったわけです。

　テレビＣＭも開始し、インドネシアのタウンページと呼ばれる「ラブインドネシア」への有料アクセスに対して、LINE参加者は割引が受けられるなどの特典を提供するキャンペーンを実施しています。

　しかし、インドネシアは、通信キャリアのサービス価格競争が激しく、多少サービスのカバー地域やサービスが悪くても安いサービスが好まれる状況です。

　また、テレコムセルは、過去、LINE類似のサービスとも提携しており（2010年2月ニムバズ、2011年10月無料電話のスカイプ、2012年4月ホワッツアップなど）、業務提携の乗り換えも頻繁に行われる環境です。

　面白いのは、インドネシアでは、既存SNSのフェイスブックとそれに対抗するツイッターを含む対話アプリが同時に成長している点でしょう。対話アプリでは、1,400万人の参加者を獲得したLINEのほかにホワッツアップ、パス、微信も人気です。

　ジャカルタなどの都市では、スターバックスやマクドナルドなど人気の飲食店舗ではお店にWiFiネットワークが備え付けられており、スマートフォンやタブレットの利用がしやすい環境が整っています。

　微信も負けてはいません。後で述べますが、微信の場合、マレー

シア市場が強いため、インドネシアにはシンガポールとマレーシアから攻め入った感があります。

2013年4月には、LINEを抜いてダウンロード数が1位にランクされています。なお。インドネシア市場に関しては、参入順序から見れば当初ホワッツアップが先行し、LINEが参入したことでカカオトークや微信が刺激されて活動が活発化し、インドネシア争奪戦が始まったというわけです（微信は2012年9月から本格進出）。

微信の親会社のテンセントは、インドネシアに支社をつくる計画も発表しており、サービスのローカル化も実施しています。例えば、インドネシアで人気のブラックベリーに対して、特別に微信のアプリを提供しています。ブラックベリーの人気対話アプリ・BBM対策です。

また、2013年8月には、ＰＲ会社（広告ではなくメディアに自主的に取材させる新手のマーケティング企業）のベクトルと業務提携するなど、インドネシア市場に注力しています（なお、このベクトルは、日本ではLINEと提携し、LINE@販促のセミナーを開催しています）。

ベクトルのインドネシア子会社は、微信をマーケティングに活用したいと考えている企業に対し、オフィシャルアカウントの取得から、フォロワーへの情報発信までを一括で支援する微信オフィシャルアカウント運営サービスの提供を開始しました（既に中国ではベクトル・グループの中国子会社が同様の対応を行っています）。テレビＣＭも打っています。

2013年7月からは、有名サッカー選手のライオネル・メッシ選手をテレビＣＭに起用し、インドネシアを含む世界15か国（南米、欧州、アフリカ、アジア）で放映を開始しました。

面白いのは、微信の場合、ボイスメッセージをテレビＣＭの全面

第6章　激化するアジアのプライベート対話アプリ・サービスの市場争い

【図表 33　中国は微信中心にインドネシア進出を決断】

<出所：http://www.techinasia.com>

に出している点でしょう。もはや文字を打つことすら面倒な時代ということでしょうか。

韓国のカカオトークは、2012 年 7 月インドネシアに進出しました。カカオトークの海外展開は日本が最初でした。しかし、LINE に圧倒されているため、次のターゲットを東南アジアに定めています。

インドネシアでは、当然、テレビＣＭにも進出しています。

6　微信が先行したマレーシアが熱い

マレーシアで最初に普及した対話アプリは、例によってホワッツアップでした。しかし、2012 年 11 月、微信は、マレーシアで 100 万人の参加者を獲得しています。

微信は、マレーシアに同年 7 月頃進出しています。同社は、シンガポール、マレーシア、インドネシアを一纏めにして共通の担当マネージャーを置いており、この参加国では参加者を増やしています。

共通の地域マネージャーを置く 3 か国の連携したマーケティングが注目点でしょう。

一方、LINE も決して負けていません。2012 年秋頃からパビリ

【図表34　マレーシアでの微信の公式サービス開始セレモニー】

<出所：http://www.rebeccasaw.com＞

オン（首都クアラルンプールの高級ショッピングモール）の東京ストリートでは、LINEキャラクターの展示が始まっています。

2013年6月頃からは、LINE、カカオトークの間でEコマース（ネット通販）を巡る戦いが勃発しています。ソーシャルコマースの割引企業グルーポンとスペインのファッションブランド・ザラがカカオトークと組み、楽天がLINEと組んで華やかな商戦が繰り広げられています。そして、微信も含めてテレビCM競争が激化しています。

また、カカオトークは、既存SNSの元祖フレンドスターと提携し、一方、LINEは、ノキアと提携し、アシャなどの発展途上国向けのスマートフォンにアプリを事前搭載してもらっています。

7　激戦のシンガポール

シンガポールでは、対話アプリ戦争の盛り上がりが、台湾や香港に遅れた感があります。しかし、2013年4月から、微信がテレビ

第 6 章　激化するアジアのプライベート対話アプリ・サービスの市場争い

ＣＭを開始し、LINE も 2013 年 4 月にシンガポールに公式に進出しています。

　シンガポールは、南アジアの先進国であり、地域の中心地であり、非常に重要な都市国家です。そのため、LINE も 2012 年 11 月、浜崎あゆみさんの LINE 公式アカウントのメッセージ受け取り対象国にシンガポールを含めるなど準備を急いできました。

　他地域と同様、シンガポールでも登場が先行したのが米国のホワッツアップです。その結果、シンガポールのトップ通信キャリアのシングテルは、ホワッツアップと組み、3 G データプランの定額サービスを開始しました。

　ホワッツアップの参加者は、米ドルで 1 日 50 セント支払えば、世界中のホワッツアップ参加者と自由にメッセージ、ビデオ、写真を送れるというものです。

　また、1 か月プランでは、毎月 6 ドル払えば 1 日の上限を 1 ギガバイトとして同様のサービスが受けられます。

　サウジアラビアでライバルの無料電話のバイバーが、「無料サービスは通信キャリアに損害を与える」ということで当局から禁止され、ホワッツアップもやり玉に挙げられたケースがありました。それ以来、ホワッツアップなどの対話アプリは、通信キャリアとの共存に気を使っています。

8　群雄割拠で泥沼化するベトナム戦争

　ベトナム戦争後共産党政権が成立したベトナムは、今日中国同様、市場開放を急いでおり、既に TPP (環太平洋戦略的経済連携協定) にも参加しています。

　さて、対話アプリのベトナム市場ですが、2013 年 3 月、LINE

の参加者数が100万人を突破しました。無論、テレビＣＭも放送しています。

【図表35　ベトナムで100万人の参加者を獲得したカカオトーク】

<出所：http://www.techinasia.com>

確かに、タイや台湾、スペインでの1,000万人台と比較すると数は少ないですが、一部で注目を集めています。ベトナムは中国とあまり仲が良くないせいか微信ではなく、カカオトークも参加者数が約100万人を獲得しLINEと張り合っています。

その他LINEの競合は、ホワッツアップやバイバー、そして地場サービスのザロだといわれています。

ザロは、約70万人の参加者を獲得しており、LINEとカカオトークを追いかけています。しかし、ベトナム市場は、群雄割拠状態であり、勝負はまだわかりません。

なお、フェイスブック参加者数は、1,000万人程度と見られています（2013年1月現在）。

9　フィリピンも戦場に

2013年5月、中国の微信がフィリピンに公式に参入し、マニラのＥＤＳＡシャングリラホテルでイベントが行われました。テレビＣＭも6月から放映されています。

そして7月からは、フットボールのライオネル・メシィのテレビＣＭに引き継がれました。そしてフィリピンで先行するホワッツアップやバイバー、LINEなどを追いかけます。

第6章　激化するアジアのプライベート対話アプリ・サービスの市場争い

　LINEは、2013年4月頃からフィリピンでも参加者数を増やしています。そして、2013年7月には、フィリピンで最も有名なスター（ジェシー・メンディオラとマテオ・ガディセリ）のテレビＣＭを2つのテレビ局で打つとともに彼らのスタンプの無料配布を始めています（フィリピンのLINE参加者は彼ら2人のスターの公式アカウントをフォローすることが義務づけられています）。

　2013年、フィリピンの対話アプリ市場は微信とLINEのぶつかり合いで盛り上がっています。

　一方、通信キャリアのグローブは、バイバーと提携し、それに対抗しています。

10　様子が異なるインド

　2013年の春から海外展開を加速している微信は、2013年5月インド（人口12億4,000万人）に公式に進出を果たし、ムンバイで立ち上げイベントも開催しました。

　そして、カフェコーヒー・デイやビッグバザール、トラダスなどのインド企業が微信（ウイーチャット）にオフィシャルアカウントを開設し、早速、男女の有名俳優を起用したテレビＣＭも始めています。

　その上、相変わらず、「ホールドトゥトーク」と呼ばれるビデオメッセージを魅力的なサービスとして全面に打ち出しています。3Gサービスがまだこれからのインドですが、対話アプリの市場シェア争いは既に激烈です。

　一方、LINEも負けてはいません。同年7月からインドでテレビＣＭを開始しています。微信を意識してか、テレビＣＭはボイスメッセージのやり取り（微信と同じ「ホールドトゥトーク」の機能）を

全面に押し出し、「いつでもどこでも友達と会話できる様子」を描いた「ボイスチャット篇」や教室内でスタンプを送り合い、LINEの対話により喧嘩をする何時もの「スタンプ篇」の2種類です。

たった3か月で約1,000万人の参加者を獲得する快挙を成し遂げました。

しかし、インドには、既に対話アプリがいくつか進出しています。例えば、米国のホワッツアップは、LINEや微信の1年以上前から進出しており、既に2,000万人の実参加者（月次のアクティブ参加者）を獲得しています。また無料電話のバイバーも人気です。

しかし、強敵は、オランダ発で現在、インドのニューデリーに本社を持つサービスのニムバズであり、約200カ国に展開し、約1.5億人といわれる参加者の約2割はインドからの参加者です。

2012年には、インドのモバイル市場の成長性に注目し、経営資源をインドに集中するため、本社をロッテルダムからニューデリーに移しました。そして、最高経営責任者（CEO）にもインド出身者が就任しています。

ニムバズは、対話アプリの中では歴史を持つサービスであり、設立は2006年です。2008年には、現在の音声無料サービスと無料メッセージサービスを開始しています。

ニムバズの特長は、スマートフォンだけではなく一般の携帯電話上でもサービスされており、ネットサービスのヤフーメッセンジャーやスカイプなどと接続が可能な対話アプリです。ニムバズは、既にインドの通信キャリアであるエアーセル、パキスタンのモビリンクとも業務提携しています。

また、地場初の対話アプリ・ガップシャップ（GupShup）もあります。

まだまだこれからのインド市場ですが、インドは米国のシリコン

第6章　激化するアジアのプライベート対話アプリ・サービスの市場争い

【図表36　インドで強いニムバズ、無料電話とグループチャットとプライベートチャット】

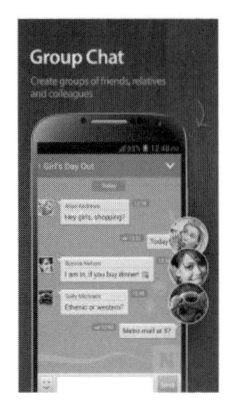

<出所：グーグルプレイストア>

バレーともつながりが深く、また英語圏のため、多少他のアジア諸国とは様相が異なります。

11　アジアで共存するのか各種対話アプリ

これまで東南アジア市場における対話アプリの熾烈な争いを見てきましたが、お互いに共存するという見方もあります。

東南アジアのグローバル化への衝動は、国内市場の大きな日本に比べて一般に先行しています。例えば、シンガポールやフィリピンなどは英語圏です。また、マレーシアやインドネシアなどは、多民族国家でもあります。

そういう背景から東南アジアでは、LINEはタイや台湾、日本の知合いとの間で活用、微信は中国の知合いと活用、ホワッツアップは米国の知合いと活用といった対話アプリの実質的な共存論も唱えられています。

12 対話アプリの発展途上国攻略対策

LINE は、中近東でも使われています。

例えば、2011 年 9 月のネイバージャパン（現 LINE）の発表では早くも現地のアップストアで無料アプリのダウンロード数の 1 位を獲得しています（クウェート・サウジアラビア・アラブ首長国連邦、バーレン、カタールで 1 位、ちなみに当時ヨルダン 20 位、エジプト 39 位）。

しかし、中近東は、イスラム圏であり規制が厳しいため、むしろアフリカやラテンアメリカを先に狙っている感があります。

最近、米国マイクロソフトによるモバイル事業の買収が発表されたフィンランドのノキアは、発展途上国向けにアシャ（ASHA）という安いスマートフォンを出しています。

ところで、インターネットの世界及びスマートフォンの世界では、既に飽和した先進国市場の次にはアジア、アフリカなど発展途上国の約 10 億人の参加が見込まれています。

例えば、2012 年 11 月グーグルは、フィリピンで「フリーゾーン」と呼ばれるインターネットの無料サービスを開始しました。検索や電子メール、グーグルプラスなどのサービスが無料で使えるというものです。

対象は、スマートフォン移行前の携帯電話とスマートフォンです。今後 5 年から 10 年で、インターネット世界に参加する発展途上国の市場を先回りしてグーグルが押さえたいという狙いがあります。

グーグルと同じような動きをノキアもしています。ちょうどアップルが高級ブランドのアイフォンの廉価版（アイフォン 5 C）を出したように、ノキアも 30 ドルから 100 ドル程度の廉価版を出す

第6章　激化するアジアのプライベート対話アプリ・サービスの市場争い

動きをしています。その第1弾がアシャ（ASHA）でした。

このアシャにLINEが目をつけ、2013年2月のスペイン、バルセロナで行われた国際携帯電話会議（モバイルワールドコングレス）でノキアとの業務提携を発表しました。アシャにアプリを提供し、販売前にアシャ・スマートフォンに組み込み販売をしてもらっています。

一方、ホワッツアップの対応は更に進んでおり、アシャにホワッツアップ・ボタンを持った、いわば「ホワッツアップフォン」（アシャ210）の提供を開始しています（第2章で述べたフェイスブックフォンと同じ対応です）。

これは、「フェイスブックの待ち受け画面、フェイスブックホームへの対抗サービスである」という見方もあります。なお、キーボードがついているアシャ210の値段は72ドルです。

一方、微信も負けてはいません。2013年5月、早速、アシャ用のアプリを開発したと発表しています。しかし、アシャに組み込んで販売するところまでは行っておらず、ホワッツアップとLINEに一歩リードを許しています。

13　アジアからアフリカへ

LINEのアプリを組み込んだアシャは、中国、マレーシア、インドネシア、タイ、ベトナム、フィリピン、カンボジア、台湾、香港、シンガポール、そしてオーストラリア、ニュージーランドで販売されます。

これらの発展途上国型スマートフォンとタイアップした対話アプリの流れは、アジアから販売を開始し、ラテンアメリカや中近東に広がり、最終的には最近、経済発展の著しいアフリカ諸国を狙った

ものだといわれています。

2013年3月、LINEは、フランス語版とブラジルポルトガル語版のサービスを開始しています。これは、欧州向けであると同時に、欧州諸国と繋がりの深いアフリカ向けであると考えられます。アジアの戦いは、早晩、アフリカにも波及します。

14 欧州の状況

では、欧州はどうなっているのでしょうか。

ホワッツアップは、スペインとドイツでともに2,000万人の実参加者を獲得していると発表しています（メキシコにも約2,000万人の実参加者がいます）。ホワッツアップは欧州で急成長しています。

一方、LINEは、2013年4月スペインで参加者数が1,500万人を突破しています。LINEの森川社長は、「LINE camera」や「LINE POP」などゲームのような「LINE」のファミリーアプリがLINEと共にスペイン国民に遡及したと述べています。

この辺りの総合サービスは、ホワッツアップに欠けており、弱点になり始めています。

LINEによるスペイン攻略の意義は大きく、ラテンアメリカ諸国での普及が進み始めています。

また、既に述べましたが、LINEは、スペインの次はフランス、ポルトガル狙いであり、フランス語版とポルトガル語版を出しています。

これに対してカカオトークや微信の欧州進出は、これからといえましょう。

意外に攻略が難しいのが、英語圏の英国やアイルランドのようです。この両国は、米国への足掛かりとなるからです。

第6章　激化するアジアのプライベート対話アプリ・サービスの市場争い

15　誰が米国上陸を果たすのか

　さて、フェイスブックの後継者を目指すならば、LINE、微信、カカオトークは米国に上陸し、米国市場を抑える必要があります。インターネット発祥の地である米国を抑えなければグローバルなソーシャルメディアの覇者とはなり得ないからです。また、米国を抑えれば、カナダ、英国、豪州、ニュージーランドなどイギリス連邦諸国や英語圏を抑えることができます。

　しかし、現状では、LINE、微信、カカオトークとも米国市場における対話アプリのシェアは約1％未満といわれています。モノ好きなマニアだけが使っている現状です。

　また、北米には、スナップチャットなど新しい対話アプリがどんどん登場するという創造性に適したエコシステム（環境）も手強い相手です。資金調達も、キックスターターなど、事業立上げ前に消費者から資金を集めるクラウドファンディングなどの仕組みが整っています。

　さて、過去アジア系のソーシャルメディア・サービスで米国上陸に成功したソーシャルメディアには、短期間で約300万人の参加者を獲得した韓国ネクソン制作の「メイプルストーリー」があります。

　かつて、日本のポケモンやたまごっち、日本製のアニメが北米で大ブームを巻き起こすほどの人気を博しました。

　韓国発の報道では、LINEは3億人の参加者の獲得を目安として、2014年には東京証券取引所と米国ナスダックに上場する計画です。それにより、一挙に米国市場での認知度を高め、米国に攻め込むつもりだと見られています。また、参加者数の規模は、2014年ホワッツアプや微信を超える5億人、2015年末までに7億人へと拡大する計画です。そうなれば、早晩、フェイスブックも視野に入ってきます。

| 第7章 |

メッセージサービス・マーケティングの すごい特長

第7章　メッセージサービス・マーケティングのすごい特長

1 マーケティング利用で先行するアジア系3社

　欧米のインターネット・ベンチャー企業は、新たなサービスを開始する場合、まず多数の参加者を集めます。参加者が集まると、それを理由に資金を集め、サービスを洗練させ、更に参加者を集めます。

　その後、売上を稼ぐためのビジネス手段を検討します。その過程で淘汰が進み、成功するサービスもあれば、潰れるものもあります。実際、北米で登場した対話アプリ（第1章で説明した各サービス）は、既に一定の参加者集めに成功しています。

　しかし、収益化となれば、多くのサービスが未だこれからの段階です。この点、北米勢は、既に上場まで果たしたフェイスブックにビジネスで対決できるレベルに未だ至っていません。

　その中で最も登場が早く、売上面で先行しているホワッツアップの場合、対話アプリを活用してフェイスブックのような企業マーケティング分野に進む気は全くありません。

　その代わり、グーグルのアンドロイド版も、アップルのIOS版も含め、参加者に対する年間1ドルの課金で収益を上げるビジネスモデルを採用しています。そのため既に述べたように社員数も45人と非常にスリムです。

　一方、ホワッツアップの対極に位置し、企業によるマーケティング利用を進めているのがアジア系3社です。LINEの公式アカウント、微信のオフィシャルアカウント、そしてカカオトークにも「Plusカカとも（プラスフレンド）」と呼ばれるビジネス向けのサービスがあります。

　これは、企業のブランド、メディア、タレント、アーティストな

どがビジネス目的で参加者の友達となる仕組みです。これらのサービスは広告などマーケティング目的で提供されています。

これらのうち、最も早くからサービスされているのは、2011年10月から韓国と日本でサービスが始まっているカカオトークの「Plusカカとも（プラスフレンド）」です。このサービスにより、様々な割引クーポン券の発行や裏話、トリビアなどを企業から参加者に提供する事が可能となりました。

当初から、韓国内のファストフード店やレストラン、Kポップのミュージシャンやタレントなどが情報発信に利用していました。

アジア系3社のマーケティングは、カカオトークの「Plusカカとも（プラスフレンド）」を参考にして各社が工夫し、発展させたと考えられます。

2013年5月段階で、企業など約400のパートナーが活用しています。

日本でも、ソフトバンク、ローソン、プロ野球のロッテマリーンズ、ソフトバンクフォークスなどが活用しています。

LINEの場合には、公式アカウントの作成と維持、ローカルビジネス向けのLINE@アカウントの作成と維持は有料です。

微信のオフィシャルアカウントは、企業も個人だけではなく誰でも含め無料で作成できます（Plusカカとも（プラスフレンド）の場合は詳細が公表されていない）。

2　Ｏ２Ｏに最適な仕組み

インターネットによる通信販売が飛躍的に台頭する米国では、アマゾンなどの売上が急成長する一方、チェーン店の倒産が目立ち始めています。

第7章　メッセージサービス・マーケティングのすごい特長

　例えば、アマゾンの成功に原因があるとされる倒産劇は、家電量販店のサーキットシティの倒産、書店２位のボーダーズの倒産です。そして、家電量販店のベストバイも売上減少に苦しみ、リストラを余儀なくされています。

　アマゾン以外では、インターネット・テレビ・映画サービスのネットフリックスの台頭によるレンタルＤＶＤチェーン店、ブロックバスターの倒産などが知られています。

　そこで注目されているのが、ネットから参加者を物理店舗に誘導するＯ２Ｏ（オンライン・ツー・オフライン）と呼ばれるマーケティング手法です。

　カカオトークや LINE の場合、企業アカウントから割引券を提供して参加者を店舗に誘導する非常にシンプルなＯ２Ｏの手法が大成功しています（ただし、楽天のようなネット通販企業の場合には、店舗サイトへの誘導）。

　また、試供品を配布して使ってもらい、気に入ったら店舗に来てもらうといった手法も一般的です。来店ポイントのプレゼントやギフトのプレゼントなど来店を促すためのあの手この手の手法が、割引クーポン券提供の補足手段として工夫されています。「LINE の友達限定」といった「特別扱い」もよく見かけるマーケティング手法です。

　その他クイズやフォトコンテストへの応募を促し、ブランド認知に役立てる手法もありますが、最終的には参加者の実店舗への誘導とショッピングを促しています。

　スマートデバイスが持ち運びを前提とした「ながら……」に適しているため、街を歩く参加者を割引クーポン券などで近くの店舗に誘導する手法としても対話アプリが進化し始めています。

　ただし、北米では、対話アプリのマーケティング本格活用は未だ

登場していません。ブラックベリーのBBMなどのように企業フレンド（公式アカウント）を認める動きが目立つ程度です。

3　フェイスブックより1桁多いLINEの集客

　LINEの公式アカウントの場合には、初期参加費用が200万円以上、その後月次の参加費用が150万円以上、オリジナルスタンプ制作費も約1,000万円といわれており、比較的高価なため、対象は大手の消費財企業を対象にしたサービスです。

　国内でも、既に約130社以上が参加し、約4,700万人といわれる参加者を巡って競い合っています。トップ3には、約1,050万人のローソン（フェイスブックの「いいね数」は約48万人、ミクシィは約10万人）、ソフトバンクとAUの約1,000万人（フェイスブックの「いいね数」はそれぞれ約100万人、ツイッターはau約13万人、ソフトバンク約2万9,000人）、サントリーの約800万人（フェイスブックの「いいね数」は約57万人、ミクシィ約9,000人、ツイッター約4万人）、ケンタッキーフライドチキンの約580万人（同「いいね数」26万人、ツイッター約16万人）など参加者集めに成功して効果を上げている企業があります。

　また、フェイスブックの「いいね数」国内トップの楽天は、LINEが895万人（フェイスブックの「いいね数」約185万人、ミクシィ約3万人、ツイッターの楽天市場約23万人）です。

　その一方、企業ページ開設自体は無料のフェイスブックに比べ、LINEの公式アカウントは値段が高いこともあって、期待された効果を発揮できないためか、ノジマやSOYJOY、自動車販売のガリバー、日本ＨＰなどは撤退するなど参加企業間の競争が激しくなっています（数字は2013年9月15日現在）。

第7章　メッセージサービス・マーケティングのすごい特長

【図表37　ローソンは自社キャラクターと名物商品のスタンプを提供】

<出所：LINE>

しかし、集客に関して対話アプリのLINEがフェイスブックと比較して、概して1桁多いというのは驚きです。

一般に、公式アカウントからの対話メッセージは、メルマガマーケティングなど他のソーシャルメディアと比較して開封率が非常に高いといわれています（メルマガマーケティングの開封率は10％で大成功、LINE(ライン)はメールマガジンの3－7倍反応がよい）。この数字を見れば、多くの消費財企業がLINEに対して眼の色を変えるのも理解できます。逆に企業からの広告売上をLINEに奪われかねないフェイスブックは真っ青かもしれません。なぜなら、このような状況下では、広告主企業はフェイスブックに広告出稿する動機が次第に消えかねないからです。また、獲得したファンの反応が鈍い（リーチ減少）という悩みもよく耳にします。

仮に将来、北米で対話アプリがマーケティングに本格進出する状況が起こった場合、フェイスブックにとってはかなりのダメージになる可能性もあります。フェイスブックは、現在、絶好調のスマー

トフォン広告を今後も維持できるのでしょうか。

　さて、勝ち組のローソンの場合には、2013年1月時点でLINEでは約600万人の参加者(友達)を獲得し、2013年7月末には1,000万人を越えています。割引クーポン券などを一回投稿すれば約10万人が来店するといわれ、2013年1月時点で提供スタンプの「あきこちゃん」が1,000万回以上使われています。

　面白いのは、ローソンの場合、フェイスブックの「いいね数」は約48万人である一方、約1,000万人の参加者数を獲得している点でしょう。この数字は、メルマガの会員数も上回っています(ツイッターは約31万フォロアー。2013年9月現在)。

　ローソンは、フェイスブックやミクシィ、ソーシャルゲームのアメーバピグ、グリーなどマーケティング目的によりソーシャルメディアを使い分けており、キャラクターの「あきこちゃん」が唄う「から揚げ君の歌」をボーカロイド（ヤマハの音声合成技術で機械がつくった曲を歌わせる試み、歌詞は公募）を活用して作曲するなど若者に非常に受けています。

　ローソンは、ソーシャルメデイア・マーケティングに非常に熟達した企業です。現実のローソンのお店で仮想キャラクターのあきこちゃんの声で店内放送をするなど、ポストパソコン時代の若者感覚（仮想と現実が重なり合う魔法のような感覚）をしっかりつかんでいます。

　しかし、ローソンの場合、LINEを活用したマーケティングにおいて実施していることは至ってシンプルです。このシンプルさが受けていると思われます。

　ローソンは、「フェイスブックの双方向の深いやり取りと比較してLINEはむしろマスマーケティングに近い効果がある」と述べています。

第 7 章　メッセージサービス・マーケティングのすごい特長

【図表 38　ローソンの LINE を活用したマーケティング】

① 月に 1 － 2 回メッセージを送り来店を促す。
② スタンプの配布。
③ 割引クーポン券の配布。
④ LINE カメラとタイアップした写真投稿イベントの実施。
⑤ ローソンのサービスサイトを友達に紹介できる「LINE で送るボタン」の設置。

　筆者は、ながら活用の時代には、深い双方向のやり取りよりも単純なメッセージ提供のほうが若者に受ける結果だと考えています。

　消費財産業各社では、こういったポストパソコン時代の生活者のライフスタイルの変化の理解が、LINE から撤退する企業と勝ち組となって残る企業の差に繋がっていると考えられます。

　これは、マーケティングの教科書に載っている物凄く単純なワンツーワンマーケティング（1 対 1 のマーケティング）です。その後ろに仲間のじゃれあいによる集団的なマーケティングがあります。

　パソコン時代に提唱されたフェイスブックやミクシイ型の企業主催の「ネットコミュニティを立ち上げる複雑な双方向のやり取り」から、LINE に見られる「一方向のシンプルなやり取り」が好まれる「カジュアルさや単純さへのシフト」がここでも起こっています。

4　大きい仲間内での友連れ効果

　フェイスブックやミクシィなど既存の SNS の国内での使い方は、かつての同級生やネットの友達が多いといわれています。一方、LINE など対話アプリは、実際の眼の前の仲間や家族とのやり取りが中心です。

最近の進化系の心理学や人類学、脳科学は眼の前の仲間を「群れ」と呼び、「群れ」の中での相互行動を研究しています。

　LINEのメッセージの開封率が高いのは、面白いイベントやお気に入りのお店の割引クーポン券が配布されると、数人の仲間が集団で来店する「仲間同士でじゃれ合う友ずれ効果」（心理学では同調効果）が働くためと考えられます。

　そもそもネットの友達が大きな割合を持つフェイスブックやミクシィと比較して、LINEの企業公式アカウントへの参加率が1桁高い理由も、この「友ずれ効果」にあると考えられます。明らかに、口コミで「あそこの会社は面白いよ」と言い合っています。

5　微信のアプローチ

　面白そうなのが、微信（ウイーチャット）のアプローチです。

　微信は、2013年3月、主催企業のテンセントが商業化に踏み出すと遂に宣言しました。既に述べたようにその後、怒涛のテレビCM攻勢が始まりました。

　微信の場合は、通販売上と企業マーケティング領域におけるテンセント・グループと中国最大のネット通販企業、アリババグループとの中国国内の競合関係への寄与がまず求められます。

　そのため、微信では、2013年7月スマートフォン用のゲーム販売（テンセントの重要ビジネス）が加わりました。友達と共にゲームをし、お互いが競い合うゲームです。

　ゲームアプリの提供では、日本発のLINEや韓国のカカオトークに追いつきました。2億3,580万人の月次実参加者を持つ微信はインド、マレーシア、シンガポールを中心に海外で約1億人の参加者数を獲得しています。

第7章　メッセージサービス・マーケティングのすごい特長

　微信に対する企業のマーケティング利用は、2012年8月頃から実験的に試みられています。何しろ参加者の年齢層の76.1%が22歳から35歳の層であり、稼いでいる若者のため、企業のマーケティング活用は自然に活発化します（その2か月前にはLINEの企業や音楽家、セレブを対象とした公式アカウントサービスが始まっています）。

　微信のやり方は、米国で提唱されているO2O（オンラインからオフライン）マーケティングの手法に非常に忠実なアプローチをとっています。

　そのため、微信上で参加者がフォロウしても企業には、相手がどこの誰だかわかりません（プロモーションメッセージは送れます）。そして、参加者が物理店舗（ネット通販の場合には通販サイト）を訪問して初めて正式な友達関係が出来上がります。

　具体的にいえば、店舗を訪問した顧客は店舗に掲示されている二次元バーコード（QRコード）をスマートフォンで読み込んで（スキャンして）その企業の仮想メンバーシップカードを作成します。そして対象企業の仮想メンバーシップカードをつくって初めて参加者は購入時の割引や割引クーポン券、プレゼント、ポイントなどを受け取れるといった仕組みです。

　わざわざ店舗を訪れて仮想メンバーシップカードをつくってもらうことにより、企業は参加者にブランドロイヤリティ（企業ブランドに対する忠誠心）を持ってもらうというわけです。この手法で成功しているのが、スターバックスや地元の大手ショッピングモールのジョイシティです。

　また、微信は、ユーザーインターフェース（APIと呼ばれています）を第三者に公開しているため、企業は自由に自社のアプリやインターネットサイトとの連携を図ることができます。

また、突然、見知らぬ相手からのメッセージがスマートフォンに迷い込んでくる「ドリフトボトル」も意外性という点からはマーケティングのツールと考えられています。もし、それが何かのプレゼントだとしたら、宝くじに当たったという感覚でしょうか。

6　充実する微信のローカル・エリア・マーケティング

　面白いのは、微信は、プライベート型のサービスの横に公開型のサービスを充実させているため、参加者は街中で店舗から頻繁に誘われる可能性が高い点でしょう。これは、地域店舗（ローカル店舗）を狙った戦略であり、LINEのLINE@に対応したサービスです。

　微信には、「ルックアラウンド」（周りを歩いている微信参加者がすべて見える）機能があります。それを使えば、周りの参加者の居場所や名前、公開プロフィール、アバター（自分の人形の姿）などが一目でわかります。

　また、「シェーク」という機能は「そばにいる相手とスマートフォンをぶつけ合い、連絡先を交換して友達になる」ことができます。

　この「ルックアラウンド」を使えば、「おーい、ここにコーヒーショップがあるよ」と喉が渇いた参加者を店舗に呼び込めるというわけです。これに上述した「友連れ効果」が働くと大きな効果があると考えられます。

　カフェで新しい出会いがあれば、「シェーク」を使って友達になります。

7　北米の状況

　北米においても、スマートフォンなどを活用したO2Oと呼ばれ

第7章　メッセージサービス・マーケティングのすごい特長

るローカル・エリア・マーケティングは盛んです。

しかし、現在では、ソーシャル要素はあまり活用されておらず、むしろ決済のスクエアが開発したアプリやチェックイン・アプリのショップキックなどが地域のお店発見ニーズをカバーしています。行きつけのお店の近くに来るとGPS（位置情報サービス）と連動した手もとのアプリが反応して生活者をお店に呼び込むサービスです。

今後、北米や欧州でも、この手のアプリと対話アプリが連動する方向に行くと考えられ、そのときには日本のLINEや微信の手法が確実に参考にされるでしょう。

8　LINE＠はお店の店長や担当者のセンスが勝負

LINEは、地域の各店舗が加入できるLINE＠と呼ばれるビジネスアカウント（公式アカウントのお手軽版）を開始しました。

LINE＠は、公式アカウントと異なり、LINEがプロモーションを実施してくれないため、各店舗が自社の店舗や番組、誌面などでLINE IDをプロモーションして参加者を増やす必要があります。

LINE＠は、初期費用、5,250円（税込）、月額費用、5,250円（税込）と安いのが特長です。これは飲食・アパレル・美容・宿泊施設などの実店舗を運営する事業者や自治体など地域に根を張る企業組織を対象としているためです。

長年ソーシャルメディアを追いかけている筆者も、LINE＠を見ていて面白いことに気がつきました。LINE＠で直ぐに成功するお店は、押し並べて店員間の連絡など自然に社内SNS的な感覚でLINEを使っており、また対象顧客も10代、20代と若い女性層が多い店舗です。

その典型が10代〜20代の女性向けファッションブランド「LIP SERVICE(リップサービス)」などでしょう（同社はLINE＠導入1週間で売上が150％増加したと報道）。同社の参加者数は、既に5万人を超えています（一方、2010年5月から参加しているフェイスブック「いいね数」は2万4,000人、2013年9月現在）。

同じ傾向は、個店のLINE＠参加者数が全国各地の店舗で件並み5,000人から2万人のスピンズ（10代、20代に人気のファッション、アクセサリー、時計や古着のチェーン店）などにも当てはまります（中心的な原宿古着屋本舗店は約2万1,000人、原宿店は2万8,000人）。また、スピンズのフェイスブック「いいね数」は約1万5,000人です。

こういったアルバイトも含めた店員層や顧客層にLINEの対話アプリ文化が既に浸透している若々しい業態は別として、参加者層の年齢が高く、社員に対話アプリの馴染みのない一般店ではこうはいきません。

その中で成功しているお店は、多くの場合、店長などスタッフ個人がLINE＠などソーシャルメディアをマーケティングに活用しようと熱心に研究している店舗です。ただし、双方向のやりとりがない分、既存SNSでのファンクラブ運営より遥かに楽な点が重要です。

例えば、東京と大阪に本社を持つスーパーマーケットチェーン、ライフコーポレーションの大倉山店（神奈川県横浜市）では、従来の顧客層であった50代〜70代の主婦に加え、LINE＠を活用して新たに20代〜30代の子育て世代の主婦の獲得に成功しています。

そのため、同店では、近隣の保育施設のお送り時間に合わせ、開店時間を9:30から9:00に繰り上げる、子供のためのキッズスペースと見守りスペースをつくるなどの施策と共にヤングママが活用しているLINE対策を導入して成功したというわけです。

そして、客層拡大に最も大きな効果があったのは、ママ友のクチ

コミです（同店は 2013 年 9 月 15 日現在、約 1,400 人の参加者を獲得しています）。また、駐車場を開放して、無料の蚤の市参加者を募集するなどユニークな試みもなされています。

　ライフコーポレーションの試みは、大倉山店を LINE ＠のモデル店とし、成功ノウハウの横展開を試みたものです。大倉山店を担当する店長代理の方が非常に熱心です。

　そして、パイロット店で得たノウハウを他店に広めるアプローチです。また、タワーレコードなども当初熱心な店長がいたため、突出した広島店（約 3,800 人参加）のノウハウを横展開しており、秋葉原店（約 2700 人）、名古屋店（約 2,600 人）や仙台店（約 1,600 人）、京都店（約 1,700 人）などが参加者数を増やしています。

　大都市の梅田ＮＵ茶屋町店は、6,000 人を超えています。既に 1 万 1,000 社が LINE ＠に参加し、数がどんどん増える中、ノウハウの横展開能力が問われる時代になってきました。

9　これが LINE ？　面白い大相撲の成功事例

　ツイッターなどの公開型は兎も角、プライベート型対話アプリのマーケティング上の欠点はフェイスブックやミクシィ、OKWave（質問と回答のコミュニティ）などと比較してサービス自体が地味で目立たない点にあります。

　その理由は、プライベート型対話アプリの私的なやり取りの内容が公になり表面化することが極端に少ない点でしょう。その結果、報道されても事件などの暗い話題ばかりが表面に出て来ます。

　昔のソーシャルメディアは非常に華やかでした。ミクシィから誕生した書籍「59 番目のプロポーズ（2005 年、美術出版社、日本テレビがドラマ化）」や OKWave の「今週妻が浮気します（2005 年、

中央公論新社、フジテレビがドラマ化)」、2チャンネルから登場した「電車男（2004年、新潮社、フジテレビがドラマ化)」などは、すべてネットコミュニティのやり取りやミクシィの日記などから登場しています。

　これらは、21世紀の若者文化を描きあげているものとしてソーシャルメディアのブームに乗り、大きな社会現象として注目されました。

　一般的に申し上げて、プライベート型対話アプリには、このような華やかさに欠けています。

　その中で筆者が驚いたのは、大相撲のLINEマーケティングです（参加者数1万7,000人、2013年9月）。2013年5月から公式アカウントに参加した財団法人日本相撲協会は「大相撲五月場所X街コン、着物コン　IN両国国技館」というイベントをLINEとツイッターで展開しました。

　街コンとは、一種の合コンであり、通常、街がバックアップして結婚相手との出会いの手伝いをするイベントです。5月19日（日曜）のイベントで男女50人ずつの募集でした。

　着物の着付け会場は両国国技館の相撲教習所内であり、普段一般公開されていない相撲教習所を見て両国の街をそぞろ歩き、それから中入り後に本場所の相撲を見ようという趣向です。街コンのお作法として通常、同性と2人で参加します。このときにはあっという間に女性側の申し込みは一杯になってしまいました。

　では、一体何が女性にそんなに受けたのでしょうか。

　まず、着物の貸与と着付けサービスがあります（着物持参も可）。日頃着物を着る機会が少ない若い女性たちにとって国技館のある両国という伝統ある街を着物で歩くというのは「一種のコスプレ」と映ったようです。

第7章　メッセージサービス・マーケティングのすごい特長

【図表39　大相撲のLINEマーケティング】

<出所：日本相撲協会>

　そしてそれに街コン、着物コン、大相撲観戦デートという現代のシンデレラ的な雰囲気が伴っています。過去の江戸の街の雰囲気を持つ両国という一種のテーマパークに着物を着てコスプレ気分で参加するという「仮想と現実の重なり合い」の面白さがあります。そのサービスがLINEから飛び出したというわけです。

　ましてやカボチャの馬車ならぬロケーションサービスを支えるスマートフォンがお伴をしています。「伝統と新しさのコントラスト」も感動を与えてくれます。

　普段「割引券を提供するから来店して」とか「紳士服やジーンズが半額になるよ」とか「試供品を無料であげるよ」といったLINEによる割引型のマーケティングに飽き飽きしていた若者が「サービス産業である大相撲」による経験型マーケティングに魅せられたのはある意味で極めて自然かもしれません。

　なお、大相撲は引続き着物での相撲観戦というコスプレをプロモーションしていますが、2013年の夏場所には着物が浴衣に代わっています。また行司さんとの撮影会も加わっています。

　LINEを活用した経験型マーケティングという点からは、大相撲

の試みは秀逸です。大相撲観戦者にLINE限定の団扇をプレゼントする、元大関高見盛関とのハイタッチとかウルフ（元横綱千代の富士）とツーショット、「白鵬40連勝おめでとう」という合言葉でのプレゼント（合言葉企画）など、様々なLINE限定企画が相撲ファンを楽しませてくれています。

10　LINEのキャラクターグッズとパルコのマーケティング

　大相撲と同様に筆者が面白いと思った経験型マーケティングは、SHIBUYA109「7DAYS BARGAIN」（期間は7月4日—10日）とパルコ「グランバザール」（期間は7月4日—21日）のサマーセールの2つのイベントがLINEとコラボしていた点でしょう。

　SHIBUYA109の場合には、館内だけでなく、ラッピングバスの中やJRの電車内、渋谷駅の看板など、渋谷のいたるところにLINEキャラクターたちが登場しました。さながら渋谷の街がLINEのテーマパークになったような雰囲気でした（一種の仮想と現実の重なり合いの演出）。来店者にはLINEキャラクターとSHIBUYA109の特性シールがプレゼントされました。

　一方、パルコ「グランバザール」の場合には、パルコのキャラクター「パルコアラ」とLINEスタンプのキャラクターたちがコラボを行い、パルコの館内はもちろん、渋谷駅や電車内などにもコラボ広告が登場しました。

　また、7月4日から15日の間、渋谷、吉祥寺、ひばりが丘、千葉、札幌、仙台、宇都宮、松本、静岡、名古屋、大津、広島、福岡、熊本　計14店舗でラインスタンプのキャラクターグッズ（縫ぐるみなど）がレアモノの限定商品として販売されています。これも一種の仮想と現実の重なり合いと考えることができます。

第 7 章　メッセージサービス・マーケティングのすごい特長

【図表 40　LINE のキャラクターグッズ】

<出所：LINE>

　フィンランドのロビオがゲームアプリの「アングリバード」で成功しているキャラクターの縫ぐるみ販売アプローチやテーマパークアプローチ、伝統あるディズニー映画によく似たキャラクターグッズ戦略をパルコがセールイベントに活用しました。

11　LINE のアバターマーケティング

　明らかにソーシャルゲームのアメーバピグや仮想社会サービスのセカンドライフなどアバターを活用したマーケティングにヒントを得ているのが「LINE PLAY アバタータイアップ」と呼ばれる LINE のアバターマーケティングです。
　アバターを着せかえたり、友達と一緒に遊べる仕組みは、アメー

バピグなどでもマーケティングに活用されて来ました。日本コカ・コーラ、ローソン、大正製薬、パナソニックなどが参加しています。

基本目的は、直接的な販売支援ではなく、「遊べる広告」として企業のブランド認知や愛着・親近感を醸成する点にあります。

さてLINE PLAYは、参加者数がサービス開始後8か月で1,000万人を超えています。企業によるアバター型マーケティングといえば、仮想社会のセカンドライフが有名です。しかし、日本で成功しているのは、サイバーエージェントがサービスするアメーバピグです（参加者数は1,500万人）。テレビ朝日は、アメーバピグ内に「テレビ朝日ランド」を立ち上げ、映画「仮面ライダー×スーパー戦隊 スーパーヒーロー大戦」などのプロモーションを行っています。

しかし、今後は、LINEがアメーバピグの強力なライバルになり、企業によるアバター型マーケティングにおける戦いも熾烈になります。ポストパソコンの時代に出遅れたアメーバピグも滅ぼされるかもしれません。

12　中国の微信のマーケティング成功事例

2012年11月、中国微信は、ユーザーインターフェース（API）を公開し、第三者のアプリと微信アプリの連動を開始しました。その結果、サードパーティによる自由な サービス開発が可能になりました。

また、2013年7月、親会社のテンセントは微信から直接、決済を可能とすると発表しています。

① 予約販売例／微信

エアーチャイナと中国のホテルチェーンのポッドインは、微信上からサービスの予約販売を行い、成功しています。

第 7 章　メッセージサービス・マーケティングのすごい特長

　両社では、微信と連動した顧客との関係を維持する CRM システムが実際に稼働しています。
② **スターバックスの事例／微信**
　中国に展開する米国コーヒーチェーン店のスターバックスは、微信のオフィシャルアカウントから参加者を店舗に呼び込み、仮想メンバーシップカードに参加してもらうアプローチのパイオニア的な成功事例といわれています。

　スターバックスは、2014 年 9 月決算期までに中国の店舗数は日本の 1,000 店を超え、海外では最大の店舗数とする計画を立てています。そのためにも微信のマーケティングに力を入れています。

　面白いのは、参加者を引き付け、楽しませるマーケティングとして 26 種類の気分を表す絵文字を公開しています。そして、その中から参加者に、今の気分に相当する絵文字を選んで送ってもらいました。

　スターバックスは、そのお返しに各参加者の気分に相応しい音楽をプレゼントしています。ゲーム感覚で実施されたため、批評家は「一種のゲーミフィケーション」と評しています。

　その結果、多くの参加者がスターバックスの店舗に足を運ぶようになり、店舗の Q R コードを活用してスターバックスと友達となり、仮想のメンバーシップカードを取得し、割引を受けられるようになりました。スターバックスの売上向上に非常に貢献しました。

　これは、フェイスブック上などで米国において実施していたソーシャルメディアマーケティングのスマートフォオン版、対話アプリ版と考えられます。

　面白いのは、中国市場の攻略と共に、将来に備えた実験を米国ではなく、対話アプリのマーケティング環境で先行する中国で実施している点です。

【図表41　微信のオフィシャルアカウントに登場したスターバックス】

<出所：http://www.techinasia.com＞

　スターバックスは、早晩、微信での中国の成功経験を米国や全世界に拡大するでしょう。そうなれば凄いことになりそうです。
③　**ナイキのイベントプロモーションの事例／微信**
　米国スポーツシューズのナイキは、自社主催のスポーツイベントに伴うブランドプロモーションに微信を本格活用しています。同社のナイキプラス・アプリと微信を連動させ、2012年に上海の上海スポーツセンターで実施されたナイキ・スポーツイベント2012（2012年8月23日－26日）の結果を毎日、オフィシャル・アカウント参加者に送付しました。

　なお、ナイキ・スポーツイベントは、NBA（バスケットボール）やNFL（アメリカンフットボール）、スケートボードなどのイベントであり、微信（ウイーチャット）からナイキのホームページにアクセスした参加者に対してセールスポイントや賞品を提供しています。

　これは、ナイキのブランド認知のため対話アプリを活用した世界

第7章　メッセージサービス・マーケティングのすごい特長

【図表42　ナイキのイベントプロモーション】

<出所：http://www.labbrand.com>

初の事例です。ナイキも将来に備えて中国で対話アプリのマーケティング実験を試みました。

④　ＧＭのプロモーション事例／微信

米国自動車メーカーのＧＭも、中国では微信を活用したキャデラックのブランドプロモーションを実施しています。

米国のハイウエー「ルート66」と名づけられたプロモーションは、ＧＭから送られて来る様々な道路状況や天候などの情報を参加者は受け取ることができます。

スターバックスやナイキ、ＧＭなどの米国消費財企業は、今後のメディア変化に備えて何時も様々な実験を行っています。それが中国の微信で行われたと考えてください。

かつて、仮想社会サービスのセカンドライフに、様々な企業が進出して多彩なマーケティング実験を行っていました。それが、その後フェイスブックなどでゲーミフィケーションとして花開きました。

したがって、微信における米国企業のマーケティング実験は要注意です。

⑤　コーチの事例／微信

2012年10月、米国のファッションブランドのコーチは、微信のオフィシャルアカウントと公式ネット通販サイトをほぼ同時に立ち上げて微信からの顧客誘導を狙っています。

　なお、コーチは、中国版ツイッターの微博で微信進出を発表し、微信への誘導を図っています。

⑥　中国商業銀行の事例／微信

　中国商業銀行は、微信の誰がメッセージを受け取るかわからない「ドリフトボトル」機能を活用して自社のブランド浸透と共に社会貢献を行うコーズマーケティング（社会貢献型マーケティング）を実施し、自閉症児のための寄付を行いました。

　「ドリフトボトル」を使ってメッセージボトルを送り、返事の数が500件を超える都度、国内の自閉症の子供達にプロによる訓練コースの授業をプレゼントするというものでした。

　国内でも、東日本大震災を契機として売上連動義捐金などの社会貢献型マーケティングが広がっていますが、中国では微信が一役買っています。

13　韓国のカカオトークの認証ショット・マーケティング

　韓国のカカオトークやカカオストーリーで注目すべきは、認証ショット・マーケティングです。これは第8章で述べるインターネット選挙との関係から出て来たマーケティングです。

　ここではマーケティングの部分だけ取り上げます。韓国の2012年大統領選挙では与党のパク・クネ候補が当選し、初の女性大統領が誕生しました。

　認証ショット・マーケティングとは、スマートフォンにより選挙の当日、個人やカップルで投票所の前でスナップ写真を撮り、カカオ

第7章　メッセージサービス・マーケティングのすごい特長

【図表43　認証ショト・マーケティング】

<出所：ツイッター>

トークやカカオストーリーを中心に、ツイッター、フェイスブックなどに投稿し、スマートフォンでその証拠写真（認証ショト）を見せれば焼き肉店や通販サイトなどで割引がもらえるというマーケティングです。

スナップ写真が割引クーポンの代わりになるため、選挙当日は大流行りでした。

　これは早晩、日本でもLINEで流行りそうです。

14　ピンタレストのマーケティング

　ピンタレストは、ネット通販（Eコマース）の効果がフェイスブックを大きく上回るといわれているツイッターに似た写真投稿サービスです。

　米国百貨店のノードストロームは、ピンタレストで多数ピンされた自社販売の商品をピンタレストのロゴマークと共に商品に貼り付けて展示しています。

　これまでも、地域のレストランなどがインターネットによるロー

カルビジネス評価サービスの「イエルプなどの評価を店頭に表示」することはありました。

しかし、商品にピンタレストのロゴと評価を貼り付けて展示するような例は初めてです。いわば、皇室ご用達の代わりに、ピンタレストご用達と展示しているようなものです。

【図表44　ピンタレストのマーケティング】

<出所：ギガオム>

そして、逆に物理店舗に飾ったピンタレスト印の商品を公開写真対話アプリのインスタグラムに投稿し、フェイスブックでプロモーションしています。

生活者が多数ピンした自社商品を物理店舗で飾り、物理店舗のピンタレスト印の商品の写真をインスタグラムに投稿して、フェイスブックで口コミを流し、来店を促進するという新手の手法です。

また、注目すべきは、ピンタレスト自体、パソコン用のWebアプリサービスからスマートフォンアプリへの本格的な脱皮を迫られており、スマートフォンからの参加者数が急増する一方全体の月次の実参加者数が減り始めています（2013年4月の5,420万人から7月の4,690万人）。

その一方、ピンタレストのライバルと目されるワネロ（Wanelo）と呼ばれるスマートフォン専用のファッション用写真アプリ（欲しい、求める、愛する、素敵な商品の発見アプリ）は、5か月で70％も急成長し、あっという間に参加者数が1,000万人を超えています。

ピンタレストも、うかうかしていると若い女性層がスマホ専用写真対話アプリのワネロに移行しかねません。

第7章　メッセージサービス・マーケティングのすごい特長

15　バインとツイッターのソーシャルテレビマーケティング

　テレビを見ながらスマートフォンやタブレットを片手に関連するアプリを触りながら番組を視聴するソーシャルテレビが、現在、大流行です（タブレット保有者の7割、スマートフォン保有者の5割以上が積極的に参加）。

　さて、2013年9月、ツイッターは米国証券取引委員会に上場申請をしました。歌手のレディ・ガガさんのフォロウアー数は3,000万人を超えている人気のツイッターの上場です。

　公開型対話アプリのツイッターは、情報ネットワークを標榜して企業のプロモーションツイート（宣伝用のメッセージ投稿）で広告売上を稼いでいます。

　公開の仕組みとプライベートなやり取りの仕組みが複雑に混在する既存SNSのフェイスブックと異なり、公開型メッセージアプリのツイッター広告に対する反発はほとんどありません。

　そして、ツイッターは、大ヒットした6秒動画アプリの「バイン」とツイッターを組み合わせて、テレビ広告を奪い取る大きな賭けに出ました。

　米国のテレビCM市場の規模は660億ドルありますが、その1％を確保しても6.6億ドルに上ります。既にツイッターは、音楽のMTV放送などと組み、テレビ視聴中や番組の前後に視聴者がわいわい投稿するソーシャルテレビを大成功させています。

　ソーシャルテレビは、日本でも日本テレビの金曜映画劇場「天空のラピュタ」における毎年恒例のバルス祭りが有名です。皆で一斉に「バルス・バルス」という呪文をツイッターに投稿して楽しむというわけです。

ツイッターは、このソーシャルテレビに企業による広告用のプロモーションツイートだけではなく、動画アプリの「バイン」での映像広告を組み合せて稼ごうという計画です。この成否がツイッター上場に大きく影響するといわれています。

【図表45　6秒動画アプリの「バイン」とツイッターを組み合わせて、テレビ広告】

<出所：テッククランチ>

例えば、30秒のテレビＣＭで化粧品が紹介されれば、その補足の6秒広告を番組終了後に「バイン」から提供するといった内容です（こうすればわざわざ時間のかかるWebサイトを訪問して追加広告を見る必要がありません）。

そのためツイッターは、「アンプリファイプログラム」（テレビ広告の効果拡大プログラム）を開発しBBCアメリカ、天気チャネル、更にフォックステレビと業務提携契約を結んでいます。テレビの30秒広告をバインの6秒広告で補足する狙いです。

そして、遂に米国トップのCBS放送との業務提携に成功しています。20のブランドと42のショーやドラマを対象に「アンプリファイプログラム」が稼働しています。

ライバルのフェイスブックも、2013年6月、買収したインスタグラムにおいて15秒動画の投稿サービスを開始しました。フェイスブックも既存のSNSの仕組みではなく、買収した公開型写真アプリのサービスを拡大活用するというところが注目点です。

ソーシャルテレビに関しては、フェイスブックも凄い計画を持っ

第7章　メッセージサービス・マーケティングのすごい特長

ています。1日100万ドルから250万ドル（約1億円から2.5億円）のインスタグラムを活用した動画広告をテレビ番組やテレビＣＭと連動してフェイスブックで提供する計画です（公式には未発表）。

　テレビの30秒広告は、1声2,000万円から3,000万円であるといわれています。それを考えれば、フェイスブックの計画は途方もないものです。証券会社ジェーピー・モルガンは、ニュースフィード上の動画広告の導入1年目にフェイスブックは、テレビＣＭ市場の1％を奪うと予測しています。

　特に2013年第2四半期のフェイスブック広告は、投資家筋の予想を上回る良い数字であり、41％がスマートフォンなどモバイルから来たといわれています。そして広告主は、テレビ番組の開始通知や映画の封切りのお知らせ、テレビゲームの発売など、娯楽産業の広告の増加が目立っています。

　その結果、ソーシャルテレビに動画を加えるアプローチはテレビ広告を放送業界から奪うものとして広告主や投資家から大きな注目を集めています。

　しかし、フェイスブックの場合、新たな広告手法を導入する都度、視聴者からの大きな反発があり、そのため、この計画は無期限延期になっています（ただし、一部で実験は始めています）。

　フェイスブックは、対話アプリのツイッターにソーシャルテレビ・マーケティングへの動画対応で遅れを取り始めました。こうして広告と古いSNSの仕組みの矛盾といった「構造的な問題」がフェイスブックの収益の足を引っ張り始めています。

　ツイッターは、CATV最大のコムキャストと提携し、ツイッターのプロモーション広告をリモコンに変えました。広告の中についたボタンを押せばテレビのチャネルが変わりでその番組が視聴出来る、録画が出来る、見逃し放送が視聴できるといった手法です。

第 8 章

インターネット選挙とメッセージサービス

第8章　インターネット選挙とメッセージサービス

1　インターネット選挙の解禁

　2013年7月の参議院選挙から、国内でもインターネット選挙が解禁になりました。

　一般新聞紙上では、「予想したほど盛り上がらなかった」などの見方が大半ですが、兎にも角にも国内でインターネット選挙が解禁になり、実施されたわけです。

　フェイスブックやツイッターに混じってLINEも活用されました。グリー、ドワンゴ、LINE、ツイッタージャパン、ヤフー、ユーストリーム・アジアのネット6社が共同企画を実施しています。

　あまり目立ちませんでしたが、アバターサービスのアメーバピグにも自民党の安部さんや石波さん、維新の橋本さんや石原さんらがキャラクター姿で登場するなど中々面白い企画もみられました。

【図表46　アバターサービスのアメーバピグにキャラクター姿で登場】

＜出所：ハフィントンポスト紙＞

　例えば、参院選で圧勝し、ねじれを解消した自民党は、フェイスブック、ミクシィ、グーグル＋、ツイッター、LINE、アメーバピグ、ユーストリームやニコニコ動画、ユーチューブなどほとんどすべてのソーシャルメディアを活用して選挙に臨んでいます。

ソーシャルメディアの活用法で最も多かったのが、「政策を訴える党のサイトへの呼び込み」「政策を訴える動画サイトへの呼び込み」「街頭演説への呼び込み」などでした。

2 ネット選挙で勝負した候補者も存在

また、フェイスブックでは、民主党の海江田党首のページなどに在特会などと思われるネット右翼が攻撃を仕掛けて炎上したのも注目点でした。

激戦の東京都では、ネットに強いといわれた民主党の公認候補、鈴木寛さんが落選し、代わってネットを上手く活用した無所属候補の山本太郎さんが当選するなどネット選挙の怖さも垣間見られました。

事前予想で当選確率は低いといわれた山本候補の武器は、21万人のフォロアーを獲得したツイッターでした。そこで主張や演説会の情報を発信しました。その結果、山本氏の名前がネット検索される回数は、選挙終盤にかけて急速に伸びたといわれています。その量は、すべての政党を上回ったといわれています。

落選こそしましたが、「緑の党グリーンジャパン」から比例区に出馬した元リクルート社員、音楽家の三宅洋平氏もツイッターとユーチューブ動画で急成長し、落選者の中での最多票、約17万6,970票を獲得しています。

「選挙フェス」イベントと称して日本各地の路上でライブイベントを開き、その様子をユーチューブ動画にアップするなど、多くの人々を集めました。その成功要因は、「ネットと現実の重なり合い」です。音楽の「選挙フェス」イベントを上手くツイッターで発信して宣伝しています。

第 8 章　インターネット選挙とメッセージサービス

　これだけの得票数にもかかわらず三宅氏が落選したのは、「緑の党」全体の得票が少なかったのが原因でした（当選した自民党の渡邉美樹氏の 10 万 4,176 票を上回る）。

　しかし、インターネット選挙は、韓国で見られたような若者の投票率の向上には残念ながらつながっていません。今回の参院選の投票率は 52.61％ と過去 3 番目の低さでした。

3　政党別ファンクラブづくりは LINE が圧勝

　全く報道されていませんが、対話アプリの破壊力は予想以上に強いという結果が出ています。

　ソーシャルメディアにおいて、ツイッター、フェイスブック、LINE の主要な 3 つの主要サービスを比較すると、各政党が獲得したファン数の半数以上が LINE によるという驚きの結果も出ており、LINE が他のサービスを圧倒しています（株式会社ユーザーローカル調査のプレスリリース）。

　例えば、自民党は、ツイッター 31.7％、フェイスブック 21.7％、LINE46.5％ となっています。公明党は、LINE 71.7％、ツイッター 22.3％ でした。

　ちなみに LINE ファンの占める割合は、民主党 85.8％、共産党 80.4％（ツイッター 10.4％）、日本維新の会 89.4％（ツイッター 7.6％）、社会民主党 88.9％、新党改革 90.5％、生活の党 80.5％（ツイッター 18.4％％）でした。唯一みんなの党だけがツイッター 57.2％、LINE が 38.6％ でした。

　残念ながらフェイスブックは、自民党の 21.7％ が最高でした。

　この結果は、今後、国内の企業マーケティングにも影響を与えそうです。

【図表47　ネット選挙での政党別のソーシャルメディア・ファン獲得数】

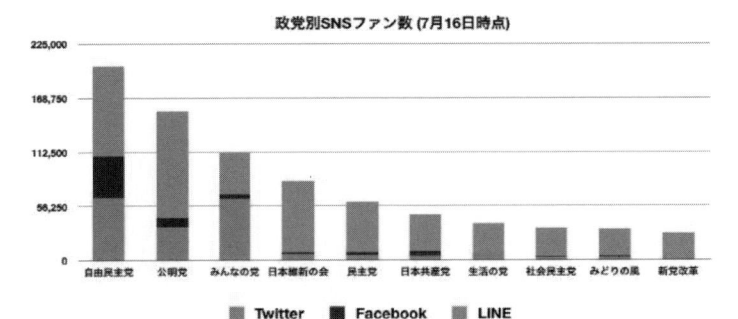

政党別SNSファン数 (7月16日時点)

	Twitter	Facebook	LINE
自由民主党	64,125	43,967	94,138
公明党	34,476	9,358	111,092
みんなの党	63,733	4,616	43,042
日本維新の会	6,215	2,452	73,314
民主党	5,533	3,084	52,014
日本共産党	4,999	4,418	38,543
生活の党	7,036	429	30,812
社民党	2,847	815	29,421
みどりの風	3,135	1,416	27,974
新党改革	2,720	---	25,930

＜出所：ユーザーローカル・プレスリリース＞

【図表48　2013年の参議院選挙はLINEの一人勝ち】

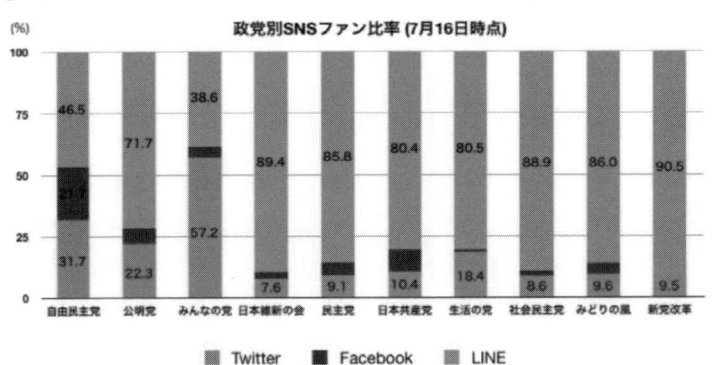

政党別SNSファン比率 (7月16日時点)

＜出所：ユーザーローカル・プレスリリース＞

171

第8章　インターネット選挙とメッセージサービス

4　LINEを最も上手く使った公明党

　さて、最初に対話アプリのLINEを取り上げたのは、公明党でした（2013年9月現在、参加者数約13万人）。

　公明党は、LINEが各政党に無料でアカウントの活用を認める前からLINEを積極的に活用しています。党の政策説明サイトへの誘導、ニコニコ生放送や「密着山口なつおが走る」といった党制作のユーチューブ動画番組の案内、街頭演説の案内、新聞紙上に載った推奨記事の案内、テレビ出演の案内などを地道に投稿していました。選挙期間中は様々な告知に計75回投稿しています。

　面白かったのは、公明党OB放談として準備された「神崎・坂口の時遊空間」と呼ばれる神崎元代表と坂口元副代表によるニコニコ生放送番組です。「今だから言える大臣時代の○○な話」などとっても楽しいものでした。

　これは2回放送されましたが、第2回目はLINE参加者から自由な質問を受け付けて実施されました。政党に対する質問を投稿するため、LINEは「ON-AIR機能」と呼ばれる仕組みを準備していました。

　「ON-AIR機能」は、LINE公式アカウントが、一定期間、ラジオのオンエアのような状態になり、参加者からの意見・質問・メッセージを受信することができるような機能です。

　公明党の「神崎・坂口の時遊空間」の場合には、2時間で約1万件の質問が寄せられています。

　なお、この意見・質問・メッセージの受信は維新や民主党、共産党なども実施していました。

　そして公明党は、インターネット全体への情報の拡散より支持層への情報伝達を重視した投稿にLINEは効果があったと述べていま

す。

　1日あたり1,000件を超える反応があったとする共産党も同様な意見です。

　政党以外に個人でLINEを活用した選挙事例も報告されています。面白いのは、LINEからの参加者は「高校生が多かった」というある比例代表候補の意見です。

　さて、参議院選挙では、10の政党がLINEを活用しました。しかし、LINEは韓国資本のため、無料でのサービス継続は「今後も続ければ政治資金規正法が禁止する外国企業の寄付行為に当たる恐れがある」ということで、選挙後は公式アカウントに移行することになりました。

　そうなれば、高額の利用料が発生するため、9政党が撤退しました。しかし、公明党だけは、LINEを使い続けています。

5　韓国大統領選挙の若者投票率を引き上げたカカオトークとカカオストーリー

　ＬＴＥと呼ばれるスマートフォンの高速サービスも含めて高速インターネットの利用率が日本より高い韓国では、インターネット選挙の中心が既に対話アプリに移行しています。

　韓国には、既存SNSに相当するサイワールドと呼ばれるサービスがありました。

　韓国では、国内でスマートフォンが本格普及し始めた2011年8月頃からサイワールドの衰退が報道され、どんどん活用されなくなりました。

　サイワールドは、2002年第16代大統領のノムヒョン氏や2007年、第17代大統領のイミョンパク大統領の当選に大きな影響を与えたソーシャルメディアです。

第8章　インターネット選挙とメッセージサービス

　一方、2010年3月に開始されたカカオトークは、サイワールドとフェイスブックの市場を共に浸食して急成長しました。

　なにしろ約5,000万人の国民のうち約3,200万人がスマートフォンを所有（選挙当時の2012年12月）している国柄ですから、ポストパソコン時代への勢いが違います。

　なお、2013年8月－9月頃の様々な調査ではスマートフォン普及率は韓国約73％、シンガポール約72％、米国約56％です。一方国内スマホ普及率は約28.2％です。

　そしてカカオトークは、韓国人口の54％以上が利用しており、10代から50代まで幅広い支持を集めています。

　注目すべきは、2012年の大統領選挙で当選したパククネ候補のフォロアーの数です。フェイスブックが約3万6,000人（いいね数）、ツイッターが約26万人、カカオトークが約60万人でした。

　明らかに韓国大統領選挙の中心に躍り出たカカオトークですが、その効果は若者の投票行動に表れています。2007年には、20代の若者の投票率が28.1％（全体投票率63.0％）だったのが、2012年には20代の若者の投票率65.2％（全体投票率75.8％）に跳ね上がっています（現代ビジネス誌など参照）。

　そして若者の投票行動を煽ったのは、第7章で既に述べたスマートフォンによる「認証ショット」でした。

　2011年のソウル市長選挙でセレブと呼ばれる有名人が、選挙に行ったという証拠の認証ショットを撮り、カカオトークやカカオストーリー、更にツイッター、フェイスブックなどに投稿し、若者に投票を呼び掛けて注目を浴びました。

　その結果、選挙当日の選挙法上の制限が緩和されました。そして迎えた2012年の大統領選挙では若者による認証ショットが選挙日当日にカカオトークやカカオストーリーなどに溢れだし、それが若

【図表 49　韓国で人気のカカオストーリー】

写真と一言コメント

スタンプ

気持ち表現

<出所：グーグルプレイストア>

者の投票率を大幅に向上させました。

　日本では、韓国のカカオストーリーや米国のインスタグラムに相当する写真投稿アプリが未だ普及していません。しかし、今後は、多様な対話アプリサービスが日本でも広がるでしょう。

6　米国のインスタグラム大統領選挙

　2012 年 11 月の米国大統領選挙はどうでしょうか。

　まずフェイスブックですが、民主党オバマ候補のページ参加者数（いいね数）は約 3,200 万人、共和党ロムニー候補のページ参加者数（いいね数）は約 1,200 万人でした。

　一方ツイッターは、オバマ候補のフォロワーが 2,100 万人、ロムニー氏 165 万人でした。

　一方、米国でも、大統領選挙当日の投票行動を伝える写真対話アプリの利用は普及しており、1 秒間に 10 枚以上の写真がインスタ

第8章　インターネット選挙とメッセージサービス

【図表 50　オバマ氏の再選が伝えられる否やインスタグラムへの写真投稿は倍に】

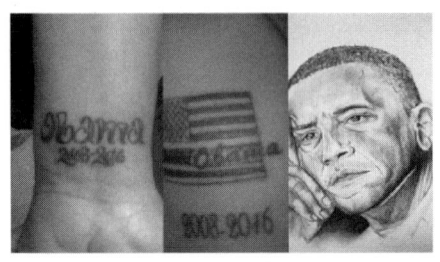

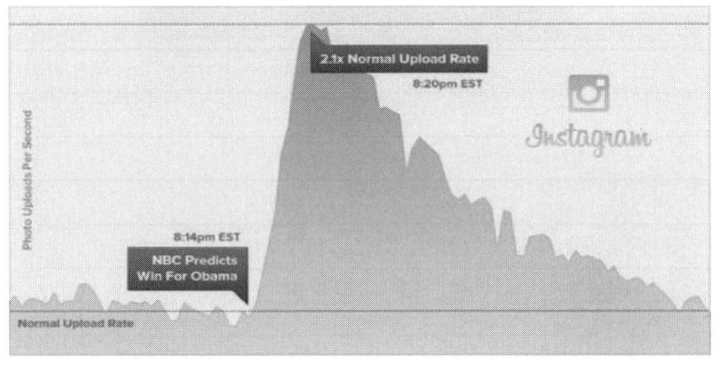

〈出所：インスタグラム、アトランテイックワイア〉

グラムに投稿されました。またオバマ氏の再選が伝えられる否やインスタグラムへの写真投稿は倍に跳ね上がりました。

　米国での各サービスへの参加者数は、2008 年のフェイスブック大統領選挙といわれたときに比べ、スマート機器用のアプリの登場により、明らかにツイッターやインスタグラムなど対話アプリへのシフトが進んでいます。

　その他、各政党は、スマートフォン用のアプリをつくって支持者に提供し、応援集会場の場所の表示や無料のミニバスの予約など選挙運動の中心にアプリが使われていました。

第 9 章

通信キャリアが LINE に屈服

第9章　通信キャリアがLINEに屈服

1　通信キャリアは売上ゼロの時代

　ツイッターのような公開型は、兎も角、LINEやホワッツアップ、バイバーなど対話アプリの登場は、従来からの通信キャリアのドル箱収益源であるショートメッセージサービスやキャリアメール、電話サービスを無料化します。

　NTTドコモなどの通信キャリアにとっては、恐ろしいサービスです。

　2010年10月、KDDIの田中社長は、KDDIのスマートフォン向けに専用の通話ソフト「Skype au」を発表した際、スカイプという無料電話と提携するのは「禁断のアプリ」に手を出すに等しいという名言を吐きました。通信事業者の売上を減らしかねないサービスだからです。

　そして、2012年7月、LINEと事業提携し、auスマートフォン向けのアプリをリリースしました。未成年の保護対策も盛り込んだアプリです。一方、NTTドコモも、2013年5月、LINEと事業提携を発表しています。

2　LINEそっくりに変身したauのキャリアメール

　KDDI、沖縄セルラーは、2013年5月25日、auのアンドロイド搭載スマートフォン向けのKDDIの 電子メールサービス（@ezweb.ne.jp）とショートメッセージサービスをLINEそっくりに変更しました。

　吹き出し型の会話モードにより、やり取りが速くなるという触れ込みです。これには世間があっと驚きました。

【図表51　電子メールとショートメッセージがLINE（ライン）そっくりに変わった】

<出所：KDDI、沖縄セルラープレスリリース>

LINEと業務提携する一方で、既存のサービスを同じテーストにして、LINEへの顧客の流出を防ぎたいということなのでしょう。

3　中国も事情は同じ

微信は、2012年末頃、中国の通信キャリアのチャイナユニコムやチャイナモバイルなどは親会社のテンセントや微信が通信キャリアのビジネスにただ乗りしていると批判してきました。

実際、中国では、通信キャリアの稼ぎ頭であるショートメッセージの通信量は前年同期比で1割以上も下がっています（中国情報部の統計）。

また、中国移動や中国電信などは、自前の対話アプリを普及させ

ようとしています。

そのため、微信にも「通信費を負担しろ」という圧力がかかり、一時有料化の噂が出ていました。その後、2013年3月にテンセントの最高経営責任者が微信の商業化を宣言して以来、動きが急展開しています。

4 対立か業務提携か

2013年8月、微信は「サービス専用のシムカード」の販売を発表し、中国第2位の通信キャリアであるチャイナユニコムと独占契約を締結しています。これにより微信の参加者は、より高速なスピードで微信を使うことができます。

また、微信の参加者がチャイナユニコムを使えば、毎月500メガパケット分の通信が無料になります。

既にホワッツアップなどのアジアの通信キャリアとの業務提携の話も述べましたが、通信キャリアと対話アプリ、取り分けプライベート型メッセージアプリの関係は対立と業務提携の間で大きく揺れています。

5 韓国の事情

対話メッセージアプリのカカオトークには、2012年6月、無料電話サービス（ボイストーク）が追加されました（面白いことに実施の時期は日本のほうが先でした）。

それに対し通信キャリアキャリア大手2社（KTとSKテレコム）は、「収益上の致命的な打撃になる」と猛反発しました。そして「ボイストークをアクセスできないように遮断し、最も高い料金制度を

利用するユーザーだけに許容する」と発表して物議を関しました。無料音声通話アプリは、通信キャリアにとっては売上の減少にとどまらず大きな投資負担になるからです。

通信キャリア各社は、「カカオトークは通信キャリアのネットワーク投資にただ乗りしようとしている」とか「無料音声通話アプリによってキャリアの収益が減少する」「今後ネットワーク投資はできなくなり、ネットワークの速度や品質が悪くなる」「ひいては国益が損なわれる」などと主張しています。

そして政府機関が仲裁に入ったほどの大騒ぎに発展しました。カカオトークを支持する野党の市民団体が集まって「一部の高額支払参加者だけにカカオトークの無料電話を認めるのはおかしい」「インターネットの中立性を守れ」と抗議する騒ぎまで起こっています。

6　米国の事情

やはり無料チャットアプリや無料電話に対する通信キャリアの反発は、どこの国でも共通のようです。

米国では、2012年8月上述したアップルの無料ビデオ電話サービス「フェースタイム」に対して通信キャリアのAT&Tが制限を課す発表をしています。「フェースタイム」は従来、WiFiネットワークからのみ使用できました。しかし、IOS6からは、通信キャリアの携帯通信網から利用可能となりました。

そこで、AT&Tは、自社の「モバイルシェア料金プラン」サービスの加入者のみに「フェースタイム」を認めると発表しています。それに対し、消費者団体のパブリックナレッジがインターネット上の差別であり「インターネット中立性違反」と抗議しています。

この手の通信キャリアの反発、逆に対話アプリとの提携はアジア

第 9 章　通信キャリアが LINE に屈服

や中東など各地で起こっており、1 つの注目点でしょう。

7　サービス支配を巡り戦う時代

　かつて通信キャリアは、各国とも有料電話サービスとショートメッセージやキャリアメールなどで稼いできました。しかし、ポストパソコン時代には、すべてがパケットと称される通信料に吸収され、電話やショートメッセージは最早、付加価値とは看做されない時代（土管屋現象）がやってきました。

　そこで、米国のベライゾンコムや AT&T は、自宅の外からドアを開閉する、クーラーをつける、テレビ録画をするなど有料のスマートハウス・サービスを開始しています。

　日本の NTT ドコモ、au などは、音楽や映像、電子書籍、アプリ販売などの新しい付加価値を提供するサービス分野を開拓し始めています。端末機器販売や回線提供では、最早、稼げないから多様なサービスで稼ごうというわけです（サービス支配論理）。

　しかし、LINE などの動きを見ていますと、LINE 漫画など新しい「サービス支配」のビジネス領域でも通信キャリアと競合し始めています。

　中期計画の中で、2015 年までにはサービス関係の売上を 1 兆円にまで拡大する予定の NTT ドコモが、長い間、アイフォンを販売しなかったのは「アップルに新しいサービス支配ビジネスを奪われる」と考えていたからです。しかし、アップルに奪われなくても LINE などの対話アプリに奪われ始めています。

　米国でも、ツイッターのソーシャルテレビ広告は、直接テレビや DVR の操作ができます。そうなれば、AT&T などが目指しているスマートハウスにおける機器操作のライバルとなるでしょう。

最終章

ソーシャルメディアの新旧交代

最終章　ソーシャルメディアの新旧交代

1　クールな時代の終わりとフェイスブックの決断

　2013年9月、フェイスブックのマーク・ザッカーバーク最高経営責任者は、有名なブログ紙テククランチの創造的破壊会議などで「最早、フェイスブックはクールではないし、クールに戻ることもない」と述べました。

　フェイスブックが、既に「若者を引き付けるかっこよさを失い（恐竜化した）」と認めたのです。これはちょっと信じられない事件として驚きをもって迎えられました。

　なぜならば、2013年4月—6月の四半期決算でフェイスブックは、ウオール街の投資家筋の予想を上回る未曾有の好決算数字を叩き出し、全く稼げないと批判されたモバイルの広告売上は全体の41％に達し、世間をあっと言わせたばかりでした。

　これにより、ポストパソコン時代には稼ぐ力がないと見られていたフェイスブックの評価は一変し、9月には株価も上場時の38ドルを超える過去最高の45ドル台を記録しています。

　昔、平安時代が華やかだったころ、摂関政治の長である藤原道長は、「この世おばわが世とぞ思う望月の欠けたることも無しと思えば」と歌に詠みました。当時の藤原氏は、栄華の絶頂だったのです。

　決算から見れば、現在のフェイスブックは、誰にも憚ることがない「栄華の頂点」にあります。しかし、フェイスブックは、好決算にもかかわらず、「自分たちのサービスは最早、時代遅れの恐竜だ」と認めたわけです。

　同時にフェイスブックは、パソコンとブラウザー時代にフェイスブック上で花開いていたWebアプリのためのF8と呼ばれる開発者会議に替わって、スマートフォン上でのアプリ開発者会議を開催

しています。

　Ｆ８開発者会議とは、「フェイスブックを様々なサービスのプラットフォーム」と定義し、その上で様々な企業が自由にブラウザーによるWebアプリをつくることを推奨する会議でした（Webアプリは全体4,200万ページ、400万企業ページ上に900万個のアプリ。2012年4月現在）。

　その中からソーシャルゲーム企業のジンガが現れ、スターバックスなどがWebアプリを開発し、同時に大量の広告費をフェイスブックに支払っていました。

　そのためのＦ８開発者会議を辞めて、スマートフォンのためのアプリ開発者会議を開催するとことは、大変な路線展開です。極端にいえば、フェイスブックは大量のWebアプリがお釈迦になっても構わないと思っているわけです。

　フェイスブックは、2013年4月にスマートフォンなどスマート機器をプラットフォームとするアプリ開発支援企業パースを買収し、パースの道具（ＳＤＫと呼ばれる開発キットなど）を使って、スマート機器用のアプリを大量につくって欲しいと多くの企業に呼び掛け始めました。

　フェイスブックの最高経営責任者・ザッカーバーグさんは、ネットベンチャー企業などに向けて「様々なソーシャルメディアのサービスをアプリで自由につくって欲しい」というメッセージまで発しています。そしてログイン（ユーザー認証）や決済、参加者のプールなど様々な目的でフェイスブックを使って欲しいと訴えました。

　2013年1月、フェイスブックは、フェイスブックなど既存SNSサービスを脅かすといわれたスナップチャット（時限写真型対話アプリ）に対抗する「ポーク」と呼ばれる自社サービスを世に出し、見事に失敗しています。

最終章　ソーシャルメディアの新旧交代

　2013年9月の方針転換は、逆にスナップチャットのような新しいサービスをフェイスブックは支援するという宣言です。

　ちょっと考えてほしいのですが、貴族の藤原道長が繁栄の頂点で「新しく台頭する源氏と平家のために藤原氏の持つ荘園を開放するから自由に使ってほしい」と仮にいったら社会科の先生は腰を抜かすでしょう。

　「満月を迎えた望月は必ず翌日から欠け」始めます。それを理解しているフェイスブックは、過去最高の好決算後の時点で「先見の明のある素晴らしい経営判断」をしました。

　今後、フェイスブックは、様々な対話アプリを支えるプラットフォームとして生き残り、自身のサービスとしては、スマートフォン用の待ち受け画面「フェイスブックホーム」で示されたチャットヘッド（フェイスブック版の対話アプリ）とカバーフィード（ニュースフィードと呼ばれる友達の投稿の表示）を中心にしたスマートデバイス向けのアプリ・サービスに特化する（全体を対話アプリに転換する）と考えられます。

　そして、それでも持ちこたえられないとなれば、買収したインスタグラム中心のサービスに衣替えする方向かもしれません。パソコン時代の恐竜からポストパソコン時代の哺乳類や鳥類への転換を「好決算が続く間に実施する計画」なのだと思います。

　フェイスブックが採用したのは、「既存SNSのサービス・フェイスブックが滅びても会社はポストパソコン時代に衣替えして生き延びる」という経営戦略です。これに成功すれば、マーク・ザッカーバーグさんは、名経営者と湛えられるでしょう。

　ちょうど薩摩と長州の武士が明治維新を遂行して刀とチョン髷を捨て、自ら政府の官僚に転身したようなものです。

　一方、ミクシィも、フェイスブックと同様の結論に辿り着いてい

ます。その証拠が2013年6月の社長交代です。

しかし、ミクシィの社長交代、経営戦略の変更は、「上場以来、初の赤字」の中で起こった出来事であり、フェイスブックとの比較で「普通の会社の経営判断」、「後手に回った戦略転換」といった印象が強いです。

2 SNSはどこで生き残るのか

本書では、ミクシィ、フェイスブックに代表されるパソコン時代の既存SNSがポストパソコン時代にはかつての恐竜のように跡形もなく消えてなくなり、替わって新たな対話アプリが哺乳類のように繁茂するといった予測を述べてきました。

筆者は、ミクシィ、フェイスブックといった総合型の既存SNSは早晩、消え去ると思っています。ただし、ミクシィ、フェイスブックはフィンランドのノキアのように形を変え、新たな産業に転身し、企業として生き残る可能性はあります。

筆者は、SNSが生き残るのとすれば、総合型ではなく、単品型のサービスである「企業SNS」と「地域SNS」ではないかと考えています。

注目点は、「室内での活用」、「文字などの大量入力」、「大きな画面」「リアルタイムではなく時差型の利用」です。

3 対話アプリと融合する企業SNS

企業におけるスマート機器の活用スタイルは、一般生活者と比較して「日報など文字の入力が多い」点、「設計図などシミュレーションに使われる」点、そのため「大きな画面のスマート機器が求めら

最終章　ソーシャルメディアの新旧交代

れる」点が挙げられます。また、机に座っての使用形態も特徴的です。

確かにタブレットなどの企業活用法は、立って仕事をするワークスタイルに適しており、従来のパソコン型ワークスタイルを補足し始めています。

しかし、全般的に見て企業においては、パソコン使用やタブレットにキーボードを付けた形の利用法が長く残りそうです。また企業は同じ会社や同じ仕事という共通したアイデンティティを持った集団のため、各店舗での経験の共有、先輩から受け継ぐようなノウハウや情報の共有ニーズには時差型の活用もできる既存SNSの仕組みが向いています。

一方、タイ警察のLINE活用や米国の病院におけるタイガーテキストの活用法から明らかなとおり、従来の電子メールなどはリアルタイム型の対話アプリに置き換えられる方向です。

今後の企業内ソーシャルメディアサービスは、既存SNSと対話アプリの折衷型の方向に進むと考えられます。また、企業SNSから会議室を予約したり、照明をつけたり、部屋の温度を調整するなどのサービスもソーシャルメディアに加わるかもしれません。

この件に関しては、筆者も参加している企業SNSのサービス企業であるビートコミュニケーション主催のソーシャルメディア研究会の結論も踏まえています。

現在、米国のベンチャー企業は続々と対話アプリのサービスにより企業SNSに参入し始めています。2013年10月米国のブランチアウトネットワークはTalk.coと呼ばれるサービスを立ち上げ話題になっています。

これは、社員間のプライベートおよびグループ対話アプリです。お互いが動き回るようなプロジェクトチーム内での連絡メッセージの共有などには、最適と考えられています。特に企業内では、速い

知識と情報の共有が非常に重要になります。

Talk.co は、またセキュリティへの対応も十分意識しています。これは注目です。

4　対話アプリが補足する近隣 SNS

特定の街に住んでいる住人だけが参加できる「ネクストドアー」と呼ばれる近隣 SNS のサービスが、現在、米国で急成長しています。

2011 年 10 月のサービス開始以来、既に全米 1 万 1,500 か所の町が採用し、毎日 40 の町が新たに加わっています。

ネクストドアーは、米国のウオールストリートジャーナル紙などが注目しています。

サンフランシスコのある地域では、ペットの世話やガーデニングの相談、ベビーシッターの紹介、犯罪防止となんでもネクストドアーで教え合っています。

ネクストドアーは、当初、自宅で相談を打ち込むのが基本と考えたため、大きな画面のパソコンからサービスを開始しました。また、近隣社会という同じアイデンティティを持った人々が対象のため、既存 SNS の仕組みを選びました。

そしてその後、防犯活動やパトロールには、スピード重視、リアルタイム会話のスマートフォンが有効と考え、相談用のアプリを追加しています。

筆者は、ポストパソコン時代には単品サービスとして既存 SNS を再評価する価値はあると思っています。

最早、恐竜と化した既存 SNS がポストパソコン時代には恐竜から進化したトカゲのような単品サービスとして対話アプリと一体化して新たに輝く時代が来たのかもしれません。

あとがき

　2013年10月、カンヌで開かれた欧州のテレビ祭り（Mipcom）の基調講演は、フェイスブックのパートナー戦略担当ダン・ローズさんが行いました。30分弱の基調講演の中で筆者が驚いたのは彼の話のトーンでした。主語が「フェイスブックは」ではなく、常に「フェイスブックとインスタグラムは」から始まったのです。何とインスタグラムが対等の主役でした。そして、内容の説明においても、半分は写真アプリのインスタグラムの事例でした。

　先月フェイスブックのマーク・ザッカーバーグ最高経営責任者が「フェイスブックは最早、クールではなく、2度とクールには戻らない」と述べ、同時にスマートフォン・アプリの開発者会議を主催し「多様なソーシャルメディアのアプリをつくってください。フェイスブックはバックアップします」と言った意味の発言をしていました（ツイッターの6秒動画サービスのバイン登場時、早速、ポークという独自サービスを作り失敗した2013年初の頃とは全く姿勢が違います）。

　その新たな戦略を早速、実践して見せたのが今回の基調講演でした。一義的には、ソーシャルテレビ用の広告ビジネスの宣伝であり、欧州の放送事業者が対象です。しかし、同時に、「自社が買収したインスタグラムをフェイスブックはこんな形で支援している」、「ベンチャー企業がアプリを開発してフェイスブックと組むなら何時でもサポートするよ」というインターネット・ベンチャー企業に対するメッセージを兼ねていたのです。

　筆者は、フェイスブック自身が既存SNSの衰退後を見据えて具体的に動き始めている経営戦略を非常に高く評価しています。

さて、筆者は、90年代OKWAVEに代表されるＱ＆Ａコミュニティを調査し、SNSが登場した21世紀初にはミクシィやフェイスブックのマーケティングなどを追いかけて来た個人史があります。
　また、仮想社会サービスのセカンドライフなどにおける企業マーケティングに関しても、レポートや書籍を書きました。

　そして、そろそろソーシャルメディアに関しては卒業しようと考え、ここ数年、新しい領域としてポストパソコン時代に注目し、スマートテレビやスマートフォン、スマートカーなどを追いかけてきました。そして、音楽、テレビ番組、新聞、雑誌、書籍といった既存のメディアだけではなく、ありとあらゆるサービス業の既存のサービスが崩壊し、新たなサービスが生まれる創造的破壊状況に愕然としました。国内においてミクシィやフェイスブック、ソーシャルゲームのアメーバピグ、更にパソコンの縮退版であるガラケーに支えられたグリーなどに起こっている様々な事件も決して例外ではありません。
　また、米国における新しい対話アプリの動きやアジアで起こっている出来事は、日本国内ではほとんど知られていません。そこで、本書の執筆を思い立ったというわけです。

　なお、本書は筆者の個人的な見解を述べたものであり、筆者の勤務先や関係先には一切関係ないことを申し述べます。

　最後になりましたが、本書出版のお世話になったインプルーブの小山さんに深謝申し上げます。

著者略歴

山崎　秀夫（やまざき　ひでお）

1949年生まれ。岡山県出身。東京大学卒。

三井情報時代海外システムを経験する。その後80年代初頭、総合商社のロンドン支店に勤務．ソフトウエアの欧州への輸出を経験。現在、野村総研シニア研究員、日本ナレッジマネジメント学会専務理事。専門はナレッジマネジメント、情報戦略論、知識コミュニティ論、ソーシャルメディア、ソーシャルテレビやスマートテレビなど多彩。インターネット上では「ミクシィ疲れの秘密」を指摘したとして知られる。

主な著書：「ナレッジ経営」（野村総研出版）日本ナレッジマネジメント学会　研究奨励賞、「ソーシャル・ネットワーク・マーケティング」（ソフトバンク出版）、「ＳＮＳマーケティング入門」（インプレスＲ＆Ｄ）、「ミクシィ(mixi)で何ができるのか？」（青春新書インテリジェンスシリーズ）「ネット広告がテレビＣＭを超える日」（マイコミ新書）、「セカンドライフの経済心理学～仮想世界のマーケティング革命～」（マイコミ新書）、「スマートテレビで何が変わるか」（翔泳社）、「グーグル＋の衝撃」（KKベストセラーズ）「ゼロから学ぶスマート革命」（中央経済社）ほか多数。

ミクシィ・フェイスブックが消える日―メッセージアプリがSNSを破壊する

2013年10月29日発行

著　者　山崎　秀夫　©Hideo Yamazaki
発行人　森　　忠順
発行所　株式会社 セルバ出版
　　　　〒113-0034
　　　　東京都文京区湯島1丁目12番6号 高関ビル5Ｂ
　　　　☎ 03 (5812) 1178　　FAX 03 (5812) 1188
　　　　http://www.seluba.co.jp/

発　売　株式会社 創英社／三省堂書店
　　　　〒101-0051
　　　　東京都千代田区神田神保町1丁目1番地
　　　　☎ 03 (3291) 2295　　FAX 03 (3292) 7687

印刷・製本　モリモト印刷株式会社

● 乱丁・落丁の場合はお取り替えいたします。著作権法により無断転載、複製は禁止されています。
● 本書の内容に関する質問はFAXでお願いします。

Printed in JAPAN
ISBN978-4-86367-134-8